U0595429

最好的投资是投资自己

成为自立、自信、富有的你

（Nely Galán）
内莉·加兰◎著
程序◎译

SELF MADE

江苏凤凰文艺出版社
JIANGSU PHOENIX LITERATURE AND
ART PUBLISHING. LTD

图书在版编目（ＣＩＰ）数据

最好的投资是投资自己 / (美) 内莉·加兰著；程
序译. -- 南京：江苏凤凰文艺出版社，2018.6
　　书名原文: Self made

ISBN 978-7-5594-2066-4

Ⅰ ①最… Ⅱ. ①内… ②程… Ⅲ. ①女性 - 财务管理
- 通俗读物 Ⅳ. ①TS976.15-49

中国版本图书馆CIP数据核字（2018）第086034号

著作权合同登记号　图字：10-2018-200

SELF MADE

Copyright © 2016 by Nely Galán

This translation published by arrangement with Spiegel & Grau, an imprint of Random House,

a division of Penguin Random House LLC

All rights reserved.

书　　　名	最好的投资是投资自己
作　　　者	内莉·加兰（Nely Galán）
译　　　者	程　序
责 任 编 辑	邹晓燕　黄孝阳
出 版 发 行	江苏凤凰文艺出版社
出版社地址	南京市中央路 165 号，邮编：210009
出版社网址	http://www.jswenyi.com
发　　　行	北京时代华语国际传媒股份有限公司　010-83670231
印　　　刷	北京中科印刷有限公司
开　　　本	690×980 毫米　1/16
印　　　张	14
字　　　数	250 千字
版　　　次	2018 年 6 月第 1 版　2018 年 7 月第 2 次印刷
标 准 书 号	ISBN 978-7-5594-2066-4
定　　　价	42.00 元

本书献给我的父亲阿塞尼奥（Arsenio）和母亲内莉达（Nelida）

你们牺牲了一切才把我带到美国

谢谢你们教会我投资自己

我很爱很爱你们

本书也献给布里安（Brian）

我俩各自打拼的时候，你走进了我的生活

你带给我满满的光明、爱与慷慨

在我认识的人里，数你最体贴、最暖心

我爱你，感激你

谢谢你也爱我的儿子，为他做世上最好的父亲，让我能够安心飞翔

本书还献给我的儿子卢卡斯（Lukas）

你是我的心肝宝贝，让我在方方面面都活得富足

我把经济独立的火炬传给你

我知道，你骨子里也是个独立的人！

前言：与金钱为友，它决定你的生活质量

■

苏茜·欧曼[①]（Suze Orman）

　　内莉问我，愿不愿意为她的新书作序。我只问了一个问题："这本书叫什么名字？""《最好的投资是投资自己》。"她答道。这就够了，我不用多问了。于是我欣然应允。

　　我与内莉相识已久。我们有一些共同的好友，内尔·梅利诺（Nell Merlino）就是其中之一。她是一个很优秀的女人，发起了"带女儿上班日[②]"的活动，还一手创办了非营利组织"女人

---

　　① 苏茜·欧曼（1951—），美国作家、理财顾问、励志演说家、电视节目主持人。她被《今日美国》誉为"女性理财权威"，所著的三本理财图书连续登上《纽约时报》畅销书排行榜。代表作品：《财富之路》《致富的勇气》《九步达到财务自由》。——译注

　　② 带女儿上班日：该活动由一个妇女发展基金会于1992年在美国纽约首次发起。在活动当天，父母带女儿上一天班，让女儿更了解社会，更了解父母从事的工作，也打开了女儿对自己未来的想象之门。如今，"带女儿上班日"已发展成为"带孩子上班日"，也包括男孩。美国每年四月的第四个星期四是"带孩子上班日"。 ——译注

经济独立，算我一个"（Count Me In for Women's Economic Independence）并担任主席。这是一个全国性的组织，旨在帮助女性创业。

我一直很喜欢内莉——她充满活力、干劲十足、真诚可靠；我也很欣赏她，她本是新泽西州的一个普通的古巴裔移民女孩，如今已一步步成为在美国娱乐界有一席之地的成功女性。她从不忘本，一直在为古巴裔移民同胞奔走服务。在我看来，她已取得自己想要的成功，而且未曾妥协。我俩的出身都不太好，我们的成功之路看起来都不可思议。我在芝加哥南区长大，做服务员一直做到了30岁。内莉在本书中写了她奋斗打拼的经历，我读完之后，对她更是佩服得五体投地。不读不知道，原来她还是一名房地产大亨，原来她如此善于理财，怪不得她能掌控自己的人生。

25年来，我一直在教广大女性一些道理，其中许多道理都体现在了内莉身上。我们的金钱观也非常一致。她明白，只有自己才能帮助自己，只有自己才能衡量自己的价值。我主张"不要贱卖自己"，她主张"像投资人一样选中自己"；我主张量入为出，她主张像移民一样思考。我们都很喜欢"牺牲"一词。为获得自己的力量，我建议"说出自己的名字"，她建议"为自己代言"。对于何为"在方方面面都活得富足"，我们的观点也非常契合。

我的作品《女性与金钱》里有一章是"富有女性的8个特质"。亲爱的读者，我想从中引用一段寄语你，愿你能在投资自己的过程中做到这一切。

记得鼓起勇气，摆脱恐惧。

记得盯紧目标，追求心之所向，不受他人言行干扰，只需一路前行。

记得与金钱为友，与之和谐共处，因为它会影响你与所爱之人的生活质量。

记得做正确之事，不做容易之事。绝不贱卖自己，你值得拥有更好的一切。

最后，不论你面前是谁，都请勇敢地直视对方，说出自己的名字。一定要勇敢，全世界女性都与你同在。

投资自己的时代已经来临。能与好友内莉一起走在投资自己的前沿，能与你一起做个财务独立的人，我深感自豪。

自 序

■

　　我财务独立。能说出这句话,是多么底气十足!况且我还是一名女性,并非出生在美国,没有大学学位(直到最近才拿到),没有突出的技能或天赋,也没有发明出价值不菲的产品。我虽是一名平凡的女性,却拥有不凡的人生。这倒不是因为我上对了学校,有社会关系,而是因为我把成功与幸福掌握在自己手中,不断投资自己,从而实现了经济独立。

　　能说出"我财务独立"是一种荣耀。这是定义成功的一种新方法。投资自己的女性活得自由自在,因为她们经济独立,能自行支配财富。投资自己的女性就像是入股了自己人生的方方面面,她们也的确做到了。她们活得底气十足,活得自强自立,在方方面面都活得富足。

　　要想财务独立,不一定非得做出轰轰烈烈的壮举。你不必找出个这样的女性做榜样,只需从现在开始投资自己就够了。或许你是一名在家育儿的全职妈妈,在网上开了家精品店;或许你是一名清洁工，在网上接订单，通过贝宝（PayPal）收费；或许你是一名自由职业护士，通过 Square 软件收费；或许你是一名经销商，给全家人提供了工作；或许你是一名公司职员，在 Etsy 网上出售自己设计的珠宝；或许你是一名老人，通过 Airbnb 出租家中的空房间；或许你是一名烘焙师，通过 Instagram 推销独家定制的糕点；或许你和自家十几岁的孩子一起录制 Vine 视频，然后卖给一些公司；或许你是个"00 后"，靠做优步（Uber）兼职司机来赚取大学学费。在过去的 4 年里，以上这些女性我都见过，她们是财务独立的真实写照，也是我创作本书的灵感源泉。她们正在改变自己、家人甚至后代的经济状况。投资自己是一种呼吁，号召大家行动起来，也是女性经济状况演进史上的一大飞跃。如今正是我们选择投资自己的时候。

当今时代是创业最为可行的时代。数字化时代革新了我们的创业方式：你只要有一台智能手机或电脑就能开始创业，在家穿着睡衣也能创业，用不着辞职，也不用单打独斗。你可以让孩子们帮帮你，因为他们能熟练使用社交媒体（而且与外人相比，他们更为忠实可靠，这可是额外的福利）。你也可以邀请丈夫或朋友加盟，汇集资源，凝聚众智。

现在，我真诚地祝福你，愿你在方方面面都活得富足：经济宽裕，家庭美满，有爱相伴，时间充足——这该多好啊！有钱不意味着就能活得富足，但经济独立往往是生活富足的开始。投资自己意味着你活着不仅仅是为了生存，意味着你远离破产，意味着你的思维方式要从"追求当下的满足"变为"盯紧长远的目标"。最终，生活富足意味着你能自主选择喜欢的工作，而不是被动接受一份工作，意味着你能用教育、旅行、住房等犒劳自己和子女，意味着你每天晚上都能高枕无忧。

我们总被灌输一个观点：金钱买不来幸福。别误会，我完全认同这句话。我们永远不要为了金钱本身去赚钱。然而，只有经济独立了，你才能实现真正的自由。只有当你有了自己的钱，你才能真正做到经济独立。我并非怂恿你去辞职创办下一家 Zappos 网站，至少不要贸然行动；但我会教你在工作中不断投资自己，自主创业，成为自己事业的主人，不论你从事何种职业。

所谓投资自己，不过是怀揣梦想，心存希望，努力自律，奋勇前行。我要告诉你们，"牺牲"是我最喜欢的词语之一。我知道，你会信我所言，从购物中获得的快乐甚至无法在短期内维持。你得投资自己，这样才能实现梦想。一旦这样做，你就能一步一步完成更大的计划，实现更大的梦想。

投资自己是一种心态。要想投资自己，找个好工作、升职加薪、搬进高管办公室还不够，哪怕你拥有这一切，也可能依然没做到财务独立，不具备自食其力的心态。等你有了投资自己的思维方式，你就不会感到受伤，感到失望，因为你将一切掌握在自己手中。你是自己人生的掌舵人，取得成功全靠自己。你的价值完全由你自己决定，而不是某个男性、某位上司或某家公司。

根据我的人生经验，你唯一能改变的人只有你自己。你若能改变自己，将一切掌握在自己手中，身上自会散发出一种踏实靠谱、稳重强大的气场。这样一来，你毋需多言，也不必表现得咄咄逼人、引人注目，身边诸人对你的态度自会随之而变。你会向外界传达出这样的信息：我是一个完整的个体，不许你用不恰当的方式对待我。

在这本书里，我想和你分享一些我希望自己年轻时就懂的东西。我会给你提建议、做指导，还会穿插一些小秘密和小窍门。在一些优秀女性（和几名优秀男性）的帮助下，我创办了一个"投资自己网"，网址为 becomingSELFMADE.com。投资自己网上有海量的信息和资源，能为你答疑解惑，提供运算工具，还能帮你联系上一些专门的组织，让你从中获得多种帮助。如果我做得好，相信你会备受鼓舞，然后开始创业或投资自己——从现在做起！

2

投资模式：
像投资者一样考查自己

3

投资方法：去投资自己吧！

投资自己

只有当你有了
自己的钱
你才能真正做到
财务独立
人格独立

我希望你们每个人都能实现终极目标——在方方面面都活得富足，为自己和家人创造更有保障的未来，每天晚上都能高枕无忧。

著名学者约瑟夫·坎贝尔（Joseph Campbell）有一部著作叫《英雄之旅》，情节很经典：一位英雄踏上了冒险之旅。一路上，他历经重重磨难，克服种种考验，回家之后变得焕然一新。我希望你阅读本书时能够明白，此时此地，你自己的英雄之旅也已开始。投资自己的过程中，你会选中自己，接受考验，受益于新的生活方式，明白人生有更多可能，实现自己的梦想，再把投资自己的能力传递给后代，传给各位同胞。投资自己最大的好处之一，就是能见证自己的经历点亮别人的生命。等你成了财务独立的人，你也就成了这项伟大事业的传道人；你会想传播投资自己的理念，帮别人也成为财务独立的人。所以，加入我们吧——让我们开始行动吧。投资自己是一场革命，始于你的内心。

——内莉

1.

投资理念：
为什么我们要投资自己

我从古巴移民到美国时还是个小女孩。当时，美国刚刚经历了20世纪60年代的女权运动。女权运动的代表人物是葛罗莉亚·斯坦能（Gloria Steinem），她是一名积极的社会活动家，一手创办了《女性》杂志（Ms. magazine）。当然了，我当时还小，还在适应美国的新环境，所以对剧烈的社会变革没有概念；我只知道，这片国土能让我们全家平平安安地重谋生计，获得各种机会，实现政治自由。我们能掌控自己的命运，也能为自己做决定。只要努力奋斗，愿意作出一定牺牲，我们就能像历代移民一样，在这里过上更好的生活。我们有选举权，有发言权，能让社会听到我们的诉求。没有人能夺走我们的家园，夺走我们为之奋斗的一切。因此，我早早地明白，自食其力至关重要。

我渐渐长大，受到教育，对社会进步和各种机会了解得越来越多，这些都是由像斯坦能一样的女权运动先锋带来的。这些人里有政治家，有作家，也有新闻工作者，是他们鼓舞了许多勇敢的女性摆脱传统观念的束缚，在家庭和职场上为实现男女平等作斗争。作为一位拉美裔移民，我从小就被灌输根深蒂固的传统观念，被告知年轻女性该做什么，不该做什么；尽管如此，女权运动在理智与情感上都引发了我的共鸣。作为移民，我知道美国是全世界最利于女性发展的国家。我非常感谢美国，也希望能充分利用自己拥有的机会。

为生活所迫，我小时候就得像成人一样承担起家庭责任。我们全家背井离乡、两手空空地来到美国，一切都要从头开始。一般来说，孩子能比大人更快地适应新环境，我也不例外。我明白，我有责任帮助父母，正如许多其他移民家庭的孩子那样。

我13岁时就开始工作了，并从中吸取了诸多深刻教训。一会儿你就能知道我的首次创业经历。我庆幸自己遇到了好些杰出的导师，其中几位可能至今都不知道自己被我视为导师呢！我仔细揣摩他们的成功经历，判断是哪些特质和技能助他们取得成功，再一一仿效学习。我也会从自己的失败中吸取教训（相信我，你能从失败中吸取很多教训），从中获得诸多宝贵的经验。

我从一名无薪实习生一步步成为电视新闻制片人，随后跻身电视台的管理层。我自己开了一家电视制作公司，虽说前4年里发展不顺，但在导师的帮助下，我又重新开始，终于大获成功。我成了第一位拉美裔电视联播网娱乐部的主管，一手打造了700多场英语和西班牙语节目，还参加了著名电视真人秀节目《名人学徒》（*The Celebrity Apprentice*）。我一步一步辛苦打拼，努力赚钱。关键在于，哪怕我一直在赚钱，也不急着拿去挥霍，去过奢侈的生活；相反，我会作出一定牺牲，并把它们用于投资。最终，这笔投资带给我十分可观的收入，让我不用工作也能过上舒适的生活。从此，我可以自由地选择自己喜欢的工作，而不用被动地接受别人安排的工作。我想从事能激发自身创造能力、增长学识智慧、丰富精神世界的工作。

我已经实现了财务自由，可以尽情地追求自己的理想。意识到这一点，我简直不敢相信！随后我意识到，我要去做一些尚未完成的事情。于是我重返校园，拿下了文学学士学位，又花了 4 年时间拿下了心理学硕士学位。求学期间，我直面自己背负的情感包袱，也理清了脑海里的许多事情。我开始关注与自身传统、文化、性别等息息相关的诸多话题。在我的自我投资之旅中，这些步骤至关重要，并让我成为自己想为儿子树立的那种榜样。（现在，儿子再也没法抱怨学校课业繁重了，因为他亲眼见证我一个 45 岁的人都能搞定这一切，那他还有什么可说的呢？）

拿到学位后，我意识到自己最大的成功源于不断投资自己，于是想把自己的经验分享给其他女性。2012 年，我发起了一项非营利活动——"前进运动"（the Adelante Movement），网址为theadelantemovement.com。前进运动会举办现场活动，也会提供在线学习平台，旨在给广大女性带来力量，提供创业指导。在西班牙语中，"adelante"一词有很好的寓意，即为"向前，前进"。我走遍全国去推广前进运动，原本只针对自己了解的拉美女同胞，随后其他女性也纷纷加入，先是有色人种女性，最后扩大到各种肤色的女性。我开始明白，女性们希望彼此建立联系，渴望获得信息，渴望与其他女同胞搭建起沟通的桥梁。因此，我认为广大女性应该明白：财务独立的号角已经吹响，这场运动定会越来越蓬勃兴旺。

投资自己是一场革命

葛罗莉亚·斯坦能最近接受采访时表示："我希望自己能早点明白，女权运动其实就是关于自主创业的运动。"我认为她想表达的意思是：若不能实现财务独立，就无法真正获得自由。

我花了 4 年时间走遍全国，与 10 万多名女性打过交道，亲眼见证一场真正的革命已经开始。当今时代，许多有能力的女性都在投资自己，自主创业。创业没有任何障碍，若想迅速创业，方法随处可见，而且多数都简单易得。科学技术、社交媒体和非集中式共享经济让我们比以往任何时代都更容易创业。一场关于投资自己、财务独立的新女权运动正在逐步发展壮大，因为女性只有拥有能自行支配的金钱，才能真正活得底气十足。

20 世纪 60 年代的女权运动给美国社会造成了巨大冲击。40年后，2008 年的金融危机让数百万女性不得不承担起养家糊口的重任，因为她们的父亲和丈夫在这场危机中纷纷失业。女性们必须采取行动！出于需要，拉美裔女性、非裔美国女性、亚裔女性以及中东女性已成为创业者中增长最快的群体，为美国经济带来了巨大活力。

在所有女性中，拉美裔女性是美国新兴市场上最强的一支力量，她们与其他文化背景的女性（包括非裔美国女性、亚裔女性、印第安女性、中东女性）共同代表着美国经济最大的增长动力。与此类似，放眼全球，不论是在金砖四国（巴西、俄罗斯、印度和中国），还是在非洲和中东的新兴市场国家，女性都难免受缚于宗教和政治，由于这些国家人口众多，她们还面临着激烈的市场竞争。

尽管如此，为了家人和子女，她们还是勇敢地站了起来。在当今新的经济形势下，许多来自不同文化背景的女性已经团结起来，共同追求焕然一新、自身可控的经济条件。

放眼四周，我们能看到许多杰出的女性楷模，她们把斯坦能发起的女权运动延续下去，并将其与我们的财务生活联系起来，不断地鼓舞我们。譬如，脸书（Facebook）的首席运营官谢丽尔·桑德伯格（Sheryl Sandberg）提出了"向前一步"的观点，号召女性勇于冲破藩篱，争取跻身领导层，或者如我所言，做自己职业生涯的主人；阿里安娜·赫芬顿（Arianna Huffington）曾公开离婚，也曾仕途失意，换作别的女性可能会被打垮，而她另辟蹊径，创建了新闻集博客，还筹资创办了《赫芬顿邮报》（The Huffington Post）。堪堪过了10年，《赫芬顿邮报》就已发展为极具影响的主流媒体；杰出女性苏茜·欧曼也唤醒了广大女性，让我们意识到精神生活与物质生活密不可分，我们只有掌控了自己的财富，才能掌控自己的命运。

最近，《福布斯》（Forbes）杂志发布了多位美国最富有女性的封面故事。这些女性均靠投资自己取得了成功，魅力十足，成就斐然。张金淑（Jin Sook Chang）就是其中之一。她从韩国移民到美国，打过几份零工，随后和丈夫共同创立了时装品牌 Forever 21（含义：永远 21 岁）。Forever 21 如今在全球拥有多家连锁店，销售额多达数十亿美元。

同样地，在流行文化圈中，一些成就斐然的演员和音乐家也具有投资自己的精神。比如，奥普拉·温弗瑞（Oprah Winfrey）打破了社会对其他文化背景女性的限制。她先是主持《奥普拉脱口秀》（The Oprah Winfrey Show），25 年来长期占据美国电视谈话节目的头把交椅，改写了日间电视节目的历史，随后成立了哈普娱乐集团(Harpo)，还开设了新频道 OWN；泰勒·斯威夫特（Taylor Swift）为维护自己音乐作品的价值，敢于同苹果公司乃至整个音乐行业叫板①；贝瑟妮·弗兰克尔（Bethenny Frankel）通过真人秀节目走红后，借此平台创立了瘦身鸡尾酒品牌"苗条女孩"（Skinnygirl）；杰西卡·阿尔芭（Jessica Alba）担心自家孩子用的产品不安全，于是与别人联合创立了纯天然日用品公司——诚实

① 2015 年 6 月，泰勒通过公开信解释，其专辑不会上架到苹果音乐流媒体服务，因为苹果音乐前 3 个月可以免费试听，艺人们若加入苹果音乐，最初 3 个月不会有任何收益。其后，苹果副总裁埃迪·克尤（Eddy Cue）向泰勒承诺调整方案。——译注

公司（The Honest Company），价值数十亿美元；卡戴珊家族（the Kardashian）的大家长克里斯·詹娜（Kris Jenner）一手打造了强大的家族帝国，通过参加真人秀、使用社交媒体、接广告代言等方式，将家族的名气变现；脱口秀主持人、电视真人秀《真实主妇》（*The Real Housewives*）的制片人安迪·科恩（Andy Cohen）有言道："再也没有人只想当个女演员而已。现在，我遇到的每个女人都想成为商界大亨。"这是当今时代的标志。

　　然而，对于多数女性而言，追求富足的生活并非只是为了名气、财富和权力本身。于她们而言，成功能带给她们更高层次的回报，也就是好好回馈自己深爱的家人和同胞。我们女性肩负着诸多任务，比如为子女创造更好的生活条件，让他们接受更好的教育，付清房款，甚至重返校园充电。

　　投资自己旨在赞成某些事情，而非反对某些事情。对于有经济能力的女性而言，它是一个决定性的时刻。它涉及每个层面，包括个人、群体、文化和政治。它是一场包容性强、支持力度大、需要彼此合作的运动。于我们而言，它是一种自立、自强的精神。

掌控自己的命运

投资自己运动召唤着每一位想掌控自身命运，追求不仅限于"生存下去"的人，包括：自知明日将被解雇，想做备用计划的人；致力于服务或经营非营利机构，却没为自己将来的财务状况做打算的人；在政府或军队任职，展望未来，却不知接下来该何去何从的人；自知有创意、有才华，却需要别人帮一把以迈出第一步的人；刚刚大学毕业、债务缠身、不信多年的寒窗苦读只能换来入门级工作的人；以及出于某种原因，无法遵循传统的线性职业发展路径的人——或许因为他们是移民，需要养家糊口；或许因为他们既要养育子女，又要照顾年迈的父母，得平衡事业和家庭。

有的女性忙于勉强维持生计，可能无暇去攀登职场阶梯，体会到这一过程中的困难和要求，她们也是践行投资自己运动的对象。对于正在攀爬职场阶梯的女性，投资自己运动召唤她们培养自主创业的精神，这能帮助她们在事业上不断提升；如果有朝一日她们所处的行业受到冲击，一觉醒来发现自己丢了工作，这种精神也能让她们处变不惊，积极应对。

与其他女性交谈时，我喜欢告诉她们："投资自己是一口嘀嗒作响的新钟。"这不是说你是否要投资自己，而是从何时起投资自己。要想走上投资自己的道路，过程不是线性的，方法也不能"一刀切"，每个人的情况各不相同。有的人可以向前冲刺，有的人则需假以时日；有的人不费太多力气就能获得成果，有的人则需付出额外的关注和努力；有的变化能马上发生，而有的变化则需耐心等待。你没法同时做每件事情，但你可以从现在起迈出第一步。

我想通过本书邀请你加入我们，参与投资自己运动。如果你感到害怕，不论如何，也请不妨一试，虽然我们都怕迈出第一步。我会尽己所能来鼓励你正视内心的恐惧，因为没有勇气就无法成长。我会给你讲其他像你一样的女性的故事：有的女性掌控着自己的人生，从不被过去牵绊；有的女性激发出自主创业的精神，结果改变了自己的人生。女性们正在联合起来，共享资源，以多种卓越的方式相互合作，联手创业，还对沿着她们轨迹前行的下一代财务独立的女性伸出帮扶之手。于你而言，投资自己也是一个不错的机会。加入她们的队伍，书写自己的故事。

在你开始之前，请考虑以下几个重要问题：

· 你真正想从生活中获得什么？

· 你有哪些目标？

· 在生活中，何人或何事让你感到失望？

· 你如今被困在何处？

· 对于未来，你最害怕什么？

· 你最远大的梦想是什么？（大胆地做梦吧！）

· 你在等待什么？

　　一场改变命运的旅程正在等着你。请与我携手。就在此时此地。让我们共同启程，并肩前进吧！

2

■

投资模式：

像投资者一样考查自己

在投资自己之旅中
我学到了这些

除了自己，世上没有什么能永远倚靠

在 Drybar 里头待上一个小时是我最爱的一种犒劳自己的方式。Drybar 是一家特许经营的美发沙龙，由精明能干的埃利·韦布（Alli Webb）一手创办。它对于女性的意义正如体育酒吧对于男性的意义一样，是个放松身心的地方。不同的是，Drybar 还能为女性把头发吹干定型，让她们漂漂亮亮地离开。但 Drybar 与体育酒吧也有共同之处，也能为顾客提供群体式体验；一些女性甚至会在 Drybar 里组织派对，一起预约。Drybar 里头装有大屏幕平板电视，循环播放一些爱情喜剧片（电视调成了静音，屏幕上显示着字幕，但是说实话，这些字幕几乎没有必要）。

伴着吹风机的声响，女顾客们在一起做发型，或小声交谈，或大声说笑——还有什么能比这更惬意呢？试想一下，我坐在柠檬黄的沙龙椅上，发型师正为我吹头发。我脸上泪水涟涟，哭得好不痛快。我哭不是因为碰上了挫折，而是因为被电影情节打动了——瞧，男主角在机场一路狂奔，终于追上了女主角，承诺对她的爱永不变。看到这一幕，我忍不住失声痛哭。每当看到这种情节，哪怕没有声音，我都会深受触动，不能自已。

我有个朋友是编剧，专靠写爱情喜剧片的剧本谋生。他告诉我："你也知道，很多爱情喜剧片的结局无非是这种：男主角在机场一路狂奔，终于在女主角登机前几十秒追上了她，然后他们就永远幸福地在一起了？猜猜怎么着，其实在现实中没有哪个男人会这样做。我写这样的剧情，是因为我知道女人就吃这一套。每个女人都会做这样的美梦。"

可是，就算知道这类情节是编出来的，我每次看到后依然会潸然泪下。作为女性，我内心深处似乎有种倾向，让我愿意相信这种美梦——我心中的"白马王子"，或者马修·麦康纳①（Matthew McConaughey）愿意追到天涯海角（或者机场）来"突袭"我，拯救我。哪怕我如今是一名成功、独立的女性，我都得完全承认，自己内心深处有点儿倾向于相信"白马王子"的存在。我知道"白马王子"的说法早就老掉牙了，可我真愿意相信他的存在。我只是无法控制自己。

或许你会感到奇怪：一本讲投资自己和财务独立的书为何要提到"白马王子"呢？因为做着"白马王子"美梦的女性不止我一人。

---

① 马修·麦康纳：出生于1969年，美国著名男演员，代表作有《星际穿越》《达拉斯买家俱乐部》《火龙帝国》《林肯律师》等。2014年凭《达拉斯买家俱乐部》获得第86届奥斯卡最佳男主角奖、第71届金球奖戏剧类最佳男主角奖。——译注

我周游全国时见过各个年龄、各种背景的女性，她们告诉我的一些想法，正是"白马王子"美梦的不同变体。或许这听起来老套又过时，可"白马王子"在当今时代依然会以各种形式出现：他可能是一个男人，能为你解决所有问题；他可能是一份理想的工作，也可能是一位伟大的上司，最终能慧眼识珠，发现你有成为明星的潜力。不论"白马王子"以何种方式拯救我们，这些方式都契合我们从小被告知的一切——也就是说，如果我们规规矩矩地做个好姑娘，努力工作，就会出现赏识我们才华的伯乐，帮我们摆平一切。我们会遇见伯乐，步入顺境，过上自己理想的生活。

然而，我要告诉你，告诉那些依然做着"白马王子"美梦的人：这种想法其实很危险。我们若想靠别人帮我们实现梦想，那么其实就已放弃了自己的梦想。如果你把希望寄托在他人、某一情境或某个外物身上，以为它们能带给你幸福，让你过上理想的生活，那么你就放弃了投资自身的力量。你会继续等下去，以种种方式不断重复这种生活模式。

有些女性不仅会把"白马王子"的美梦寄托在恋爱中、职场上，还会寄托在父母乃至子女身上。这些女性会把没有实现的愿望寄托给伴侣、父母和子女。最终，她们会满腹牢骚，失望不已，再也无法前行。一旦我们陷入这种模式，就会有意无意地把自己的无能归咎于他人。我们会怨天尤人，怪某个男人伤害了我们，怪上司不赏识我们、不给我们应有的提拔，怪子女离家之后很少联系我们，怪父母在我们成长过程中没满足我们的需求。似乎总有人在阻碍我们追求美好的未来，似乎能满足我们期待的人迟迟不肯出现。

我们如果心怀怨恨，就会表现得像个受害者。然而，为了给自己带来力量，我们就不应再找借口，再抱怨身边的人。我们应自己行动起来投资自己的力量，而不应等待别人带我们走出困境。你认不认识等着继承巨额遗产的人，或者每周坚持买彩票、相信自己一定能中大奖的人？可是，这些人活得幸福吗？取得了伟大的成就吗？他们几乎不可能。如果你以这种方式生活，你的生活就会一成不变，就会等着别人把你毕生的事业送到你跟前，等着不劳而获，而非自食其力。最后，你只会停滞不前，消沉不已。你还会想，如果自己当年付出了行动，如今该能取得多大的成就？

投资自己

我们若想

靠别人

帮我们

实现梦想，

那么

其实就已

放弃了

自己的梦想。

我们得杀死心中的"幻想"

我们得打碎这种不切实际的美梦，因为它会让我们活得卑微。

多年来，我都在等待心中的"白马王子"。或许你会对此感到惊讶。作为一名电视制作人，我在步步高升的同时，身上也留下了处于上升期的年轻从业者的烙印。一些杂志将我描述为"值得学习的人"，一个颇具影响力、看起来什么都有的年轻拉美裔女性——有自己的公司，有影响力大的导师，在男性主导的娱乐界有自己的话语权。我拍过一些轰动一时的照片，照片中，我穿着漂亮的衣服在驾驶一辆跑车，自信地摆出姿势。许多人认为我什么都有了，但我不这样认为，因为我还没遇到一个完美的伴侣。

我从小看着西班牙语肥皂剧长大，剧情无非是女性等着完美的男性来选择她们。我没有找借口，这些肥皂剧反映了我成长环境的文化传统。我的父母有根深蒂固的拉美传统观念，认为我即使事业成功，也不能弥补没有结婚生子的遗憾。我觉得自己的个人生活非常失败，这种挫败感甚至影响到了我生活的其他方面。哪怕我已取得了诸多成就，我依然想找个人来证明自己的价值。

有时候你得跌入低谷，才会相信自己终会放下过去，迎接新生。有时候痛苦也能帮你更快地打碎不切实际的幻想，从而让新的思想诞生。这是我的切身体会。在我 20 多岁以及 30 岁出头的时候，我曾与多位不适合我的男性约会。我也曾与许多优秀的男性约会，但在他们对我提出分手之前，我往往会抢先一步，主动提出分手。

如今看来，这是因为我当时不够自信。这种行为模式可以归结为："你不能放弃我，只能让我放弃你。"

我每段恋爱都谈不长久。一次，我与一个拉美裔男人疯狂地坠入爱河。他是一位成功的艺术家。我本来事业发展得不错，可不知怎么的，自从与他相恋，我就把他视为生活中最重要的部分，我的事业只能屈居第二。我告诉自己，我已经找到了完美的男友，他比我取得的一切成就都重要。我们的关系大概维持了 10 年，最终我怀孕了，生下了儿子。然而不久之后，我不得不面对一个事实：我们的价值观存在一些不可调和的深层分歧。后来，他离开了我，我彻底崩溃了。

彼时我已经 36 岁了，经营着一家电视联播网。记得当时我想："这个男人正是我的梦中情人，'白马王子'，可我如今却成了一名单身母亲！这种事情怎么会发生在我身上呢？"我本想和一个同为拉美裔的男人组建美满的家庭，如今，我的美梦也破碎了。我开始自责。我老是想，我注定要孤独终老，因为在拉美文化中，单身母亲无法获得应有的尊重。

我得了产后抑郁症。我看不到生活积极美好的一面，只看得到消极黑暗的一面。一天，我的一位白人朋友、电影制片人卡伦（Karen）来看我。她发现我生活在恐慌之中。

"我接下来还会遭遇什么呢？"我问她，"我该怎样独自抚养儿子？我该怎样照顾他？"

卡伦一开始也很困惑。随后，她鼓励我重新振作起来。她让我坐下，提醒我回顾自己曾经取得的一切成就，比如做过哪些明智的决定，克服过哪些经济困难。她不紧不慢地回顾我的财务状况，还摆出实际例子，让我看到自己靠自己赚了多少钱，存了多少钱。她微笑道："瞧，你取得了这么多成就！你完全有能力独自抚养儿子。瞧，你赚了这么多钱，存了这么多钱，还投资了这么多！你完全能做自己的'白马王子'！"

一语惊醒梦中人，我终于顿悟了。过去的我一直沿着错误的方向追求成就，而从那一刻起，我不需要任何人来拯救我。我意识到，我就是自己的投资人。这个念头改变了我的一生。它逼着我审视自己的内心，看看我凭自己的力量、技能、干劲和决心创造过什么，还能继续创造什么。我过去一直在寻找"白马王子"，寻找幸福，却不曾立足当下，规划未来。我想找个人来照顾我，让我的人生更圆满，却没有审视过自己的内心，没有足够的勇气去追求梦想。我花了很长时间才明白：只有自己投资自己的力量，才能获得真正的幸福。

我分享这个故事是想告诉你，不论你现在的处境看起来多糟糕，你都能像我一样投资自己，收获幸福。你完全能摆脱传统观念的束缚，脱离所处的困境。你可以做自己的"投资人"！

"白马王子"是毁掉你爱情的元凶

如果你把伴侣当作拯救自己的工具，那么你注定会以失败告终，感到失望不已。他毕竟只是个凡人，又不是懂得读心术、能让诸事好转的外星人。其实呢，爱情不是无条件的，世上只有父母对子女的爱才是最接近无条件的。如果我们的伴侣伤害我们，虐待我们，欺骗我们，或者赌博输掉了我们的钱，我们就该换个伴侣了。没人希望自己的爱情走向终点（更不用说不欢而散），可现实却是，爱情往往会消逝，这样的例子还比比皆是。因此，哪怕你正在谈恋爱，希望这段感情能天长地久，你也得考虑赚自己的钱，有自己的生活和事业。

我们都知道，分手会让人很痛苦。不过，如果你有事业，有存款，痛苦就能减轻很多。"一旦分手，都不知该怎么养活自己"，这肯定不是你想陷入的困境。

当今时代讲求平等的关系，也就是说，男性和女性要在家庭和职场上共同承担责任。越来越多的母亲外出工作，越来越多的父亲待在家里。在政坛和其他公共领域，我们都能看到许多优秀的榜样，比如希拉里·克林顿（Hillary Clinton）和索尼娅·索托马约尔①（Sonia Sotomayor）。负责养家糊口的女性地位越来越高，无数

---

① 索尼娅·索托马约尔：美国最高法院大法官。1954年出生于纽约贫民区，父母来自波多黎各。2009年获美国总统奥巴马提名，成为美国历史上首位拉美裔最高法院大法官。——译注

女性在各自的领域中开辟出新的天地。与以往相比，女性的经济机会、创业机会越来越多，我们国家在女权方面堪称世界典范。因此，我们没有理由再去固守"白马王子"的美梦。它已经过时了。我们既能与伴侣和平共处，又能活得底气十足。这两个概念并不冲突。

上司不是你的英雄

我曾把多位上司当作自己的"投资人"。我对他们百依百顺，恭恭敬敬，甚至去做本应由他们做的工作。我这样做，是希望他们认可我，赞赏我。我以为自己这样就能步步高升，但我错了。有时候我会很生气："凭什么你把所有工作都丢给我，让我周末还加班，而你自己却能外出度假呢？"这时，我的上司就会巧妙地抚平我的怒气："因为你这么聪明，工作能力这么强，如果没有你，那我该怎么办呢？"没过多久，我就受够了。

我当时暗自假设，以为如果上司离不开我，我就能获得应有的回报。其实我错了。一言以蔽之，我当时认为："如果我这样对你，你就会多多关照我。"我居然以为自己不必主动去争取自己想要的一切，以为上司会非常赏识我，从而大力提拔我，毕竟他离不开我呀。然而，一切并未如我所愿，我不禁失望不已，感到愤愤不平。

其实力量的变化与谈恋爱有类似之处。如果你想从恋爱中获得认同，你就会放弃自身力量，放弃自我意识。要想避免这种变化，你就该明白，尽管上司让你给他好好干，你依然要对自身的期望了然于心，要为自己的成功负责。时机合适时，你得告诉上司自己想要什么。如果上司的回应非你所愿，你就该着手准备下一步计划。即使上司的回应让你振奋不已，你也不要犯傻，把他当作你的救世主，否则对你们双方都不利。

直到我自己创业当了老板，我也陷入了同一种循环：我对下属期待很高，他们却时不时让我失望，甚至失望透顶。我一开始只会指责别人，后来才发现，每一段令我失望的关系都少不了我自身的因素！我这才明白，上司也是凡人。你的同事要处理各自的问题，与各自的上司、投资人、客户打交道；你的上司没法随时都能拯救你，帮你解决问题，给你安全感，为你消除恐惧。他们需要你做好手头的事。他们就是你的榜样，不论好坏，你都要向他们学习，因为这是你的分内之事。争取自己想要的，也是你的分内之事。你也有责任做自己该做的事，才能不断成长，提升自己的层次。而这一切，上司没法帮你做到。

不要只盯着某家公司

我曾在好几家"性感的"公司任职，包括索尼公司（Sony）、HBO 电视网和福克斯广播公司（Fox）。如今，很多人都想进苹果（Apple）、谷歌（Google）和亚马逊（Amazon）这样的巨头公司。但不要错误地迷恋你的公司，把它当作你的"白马王子"。如果你只盲目地看到某家公司的光环，就会忽略自己的价值和需求。不幸的是，我身边的许多女性朋友都陷入了这种境地。她们把职业生涯都奉献给了某家公司，随后公司却无情地解雇了她们，用年龄更小、工资更低的员工来替代她们。这种公司像是你每天都得取悦的那种男人。千万别让这种事情发生在自己身上！

如果你在名气大、受认可的公司工作，就容易迷失在它的光环下。我在德莱门多（Telemundo）——美国排名第二的西班牙语电视网担任娱乐部主管时懂得了这个道理。随后，索尼入股德莱门多，成为其所有者之一。在德莱门多工作时，我经常收到鲜花等礼物，收到别人的邀请，这一切如此诱人，我都被自己的工作诱惑到了！可是，当我辞职单干，打算自主创业时，我就没了索尼的光环，只剩下自己的品牌。过去那些鲜花、礼物和邀请一夜间就消失了。没了索尼的名头，我只能靠自己去争取机会，为自己的成败负责。没有大公司在背后给我撑腰，我必须创建自己的个人品牌。直面现实是残酷的，但我庆幸有过这段经历。在公司里工作固然能收获良多，但这就像嫁入王室一样：一旦你离开它，你的头衔就会被剥夺，只能以平民身份回到原来的生活。

最近，我在一家大公司对多名高管发表演讲。听众中有三名女性领导，个个都天赋异禀、能力超群。我不禁想知道，她们是否会以创业者的思维方式规划未来，或者误以为公司就是她们的"投资人"。许多公司会提供股票期权来诱惑员工，员工到头来也能大赚一笔；然而，如果你在公司工作，就不能把所有鸡蛋放在同一个篮子里。当今时代，职场瞬息万变，想在同一家公司安稳地干上二三十年已经不可能了。

如果你在公司工作，那么我建议你默默地培养投资自己的思维方式。我并非教你去欺骗公司，只是让你学着自己培养一些能力。这并不意味着让你一心只扑在工作上，不过呢，学会用主人翁的态度对待当前的工作能很好地锻炼你，为你未来的事业做准备——我们稍后再进一步探讨这个话题。

教会子女"投资自己"

父母子女间的亲情是一件美好的事情。据我所知，许多父母，尤其是单身母亲工作特别卖力，将一切都给了子女；等子女长大成人，离开他们，他们就会度过一段艰难的时期。我非常理解这些父母的心情。我儿子今年才 16 岁，我就开始担心了，怕他有朝一日会离开我去上大学。但我们要慎重对待这一点。

在传统家庭长大的孩子通常会参与家庭事务，帮家庭解决问题，等他们长大成人后，父母也希望他们一直伴随左右，在物质和精神生活上照料他们，而不是自立门户。

你一旦给子女施加这种负担，他们就会受到限制，无法自由发展。最终，他们会对你感到内疚，对你的爱也会转化为责任感。照这样下去，亲子关系就难以健康发展，还会给后世子孙造成负面循环。相反，如果子女过度依赖父母，就不利于他们自立自强，这也会造成同样的问题。

从此以后一直幸福下去

如果你以为世上有完美的结局，那就大错特错了。请打碎你不切实际的美梦，做你自己的"投资人"。你完全有这个能力。你可以鞭策自己，为自己感到骄傲。你可以原谅自己过去犯的错误，实现财务独立，尽情追逐梦想。这并不意味着你注定要单身，得和男友分手，或和丈夫离婚。每个人都不是一座孤岛，我们都离不开社会关系，都需要与他人相处。

与儿子生父的分手给我造成了巨大打击。多年之后，一个朋友——布里安出现在我的生活中。他对我有意思，愿帮我共同抚养儿子。刚开始时，我拒绝了他的好意，毕竟我习惯了轰轰烈烈、跌宕起伏的恋爱模式，而他性格温和，与他恋爱太平淡了。感谢上帝，好在我不再追求所谓的"白马王子"，愿意投入一段成熟的感情。

迄今为止，布里安和我在一起已有 11 年了。有些人看到布里安这么好，就会对我说："你能遇见他，真幸运啊！"说得好像我中了头彩似的。这时我就会回答："没错，他的确很好，但说句实话，能遇到对方，我俩都很幸运。我们认识的时候，我已经能做自己的'白马公主'。生病的时候，我能自己去看病。我自己赚了钱，投了资。总之，我能自己照顾好自己。"当你成了一个独立完整、自强自立的人，你就更容易遇到好伴侣。我和布里安在一起时，彼此都很成熟，都能做好自己的分内之事，也都做好了有朝一日发展一段恋情的准备。我俩都没有不切实际的幻想。

一旦你放弃不切实际的幻想，你对爱情的期望也会随之而变。因为你知道，自己能够投资自己，爱情于你而言不过是锦上添花。只有你自己才能满足自己。当你不需要靠别人来使生活步入正轨时，你就能成为自己最需要的人。

我们都会有感到迷茫的时候。不论你是谁，处于生命的哪个阶段，感到迷茫、恐惧都是人之常情。你会期待有个"白马王子"来救你，这种想法根深蒂固，循环往复。你的思维方式会倒退回从前，觉得自己是受害者，还会嫉妒别人。你甚至想打退堂鼓了。然而，你还是要说服自己冷静下来，给自己信心。做到这一点并不容易，但是很值得。谨慎一点，你就能把自己拉回来。所以我才说，自食其力无法一蹴而就，我们每天都应身体力行。

打碎不切实际的美梦是投资自己的第一步。我们内心深处应作出这种改变，才能踏上财务独立的征程。等你改变了过去的思维方式，欣然接受了投资自己的理念，下一步要做的，就是财务独立。这不是因为金钱是生活的全部，而是因为经济独立、自力更生是你的生存之本，它们决定着别人怎样对待你，决定着你怎样行走于世，决定着你怎样找到自己的力量，决定着这种力量会怎样助你克服前行路上的所有障碍。

练习

你在等待别人来拯救你吗？

　　想想在哪些生活情境中，你会做"白马王子"的美梦，希望他们成为你的"白马王子"：

　　·你的恋人

　　·你的上司

　　·你的工作单位／就读学校

　　·政府／军方

　　·你的父母

　　·你的子女

问自己以下问题：

·你有哪些期望尚未满足？

·你心头有哪些不满？

·某些人或机构拥有的哪些特质让你觉得他们能拯救你？

·你自己能培养这些特质吗？

·你需要怎样做，才能为自己的幸福负责？

·你是否愿意改变自己和"白马王子"（不论他是何人何事）的关系，做一个投资自己的人？

　　你可以专门准备个"投资自己"主题笔记本或日记本，写下你对这些问题的答案，或者书中练习带给你的一切灵感。这或许能帮到你。通过写日记和培养自我觉醒意识，我受益无穷。不要觉得难为情，这是你个人的私事，别人不会评判你。别担心你的作品不够完美，你只需诚实地面对自己，或者尽量诚实。在投资自己之旅中，你可以时不时地回顾过去，汲取经验，培养洞察力。

只有你学到的东西是任何人都带不走的

移民天生就有做创业者的潜质，有诸多地方值得我们学习。美国的大多数创业者都是移民后裔或第一代移民，你可知道？2010 年，《财富》500 强中 40% 以上的企业都是移民及其后裔创立的。尽管移民人口只占美国总人口的 13%，他们却负责掌管美国 25% 的新兴企业。根据 "种族现状" 咨询公司（EthniFacts）的调查，美国的移民一直以来都比其他群体更积极乐观、抱负远大，相信能凭努力工作和积极创业来重塑自我，改变命运。出于必要，他们都懂得投资自己，也凭着投资自己来对抗生活中无可避免的起落浮沉。

事实上，每个人的生活中都会发生坏事情，可我们却想否认这一点，想保护好我们的子女，防止他们遭受坏事。我们都想相信，自己的孩子永远尝不到失败之痛，挣扎之苦。我们总以为自己能阻止他们碰上坏事，其实这种想法很荒唐。人生在世，挫折和失败难以避免，你对此准备得越充分，受到的影响就越小。移民在这个方面很有优势。他们之所以背井离乡来到美国，通常是因为在故乡经历过出乎意料的痛苦：或许是经济衰退，或许是银行系统太腐败，他们甚至无法要回自己的存款。以我自己为例，当时古巴爆发了革命战争，我们全家人都来不及换身衣服、带上行李，就匆匆忙忙踏上了逃难之旅。我们不得不抛下故乡的一切。你能想象这种痛苦吗？

在美国，我们都有种不理性的倾向，以为会有人一直照顾我们，最终一切都会好起来。可是，我们接下来往往会遇上出乎意料的事情：或许是场天灾，摧毁了你的家园；或许是场大病，耗尽了你的积蓄；或许是公司裁员，让你丢了工作。对于这些事情，我们虽无力阻止，但可以在经济上未雨绸缪，减少损失。当然，这些问题也没有难到无法解决的地步。可如果你失去了家园却没有任何保障，丢掉了工作却没有任何存款，离婚后才发现这辈子从没上过一天班，经济上完全依赖伴侣，这些问题就更难解决了。

移民们从不幻想生活中会发生奇妙的事情。他们更有韧劲，有从逆境中触底反弹的决心，能利用很少的资源做很多事，因为他们明白，不确定的事情在生活中很常见。所以我才说，你的追求不应仅限于"生存下去"。"生存下去"意味着你赚了多少就花了多少，更糟的是，你可能还要依赖别人生活。一旦生活中发生大变故，你就会发现自己毫无防备，无力解决，或许甚至会无家可归。你可别等到大变故来了，才逼迫自己放弃幻想，直面现实。

托马斯·弗里德曼（Thomas Friedman）曾三度获得普利策奖，如今是《纽约时报》的专栏作家。2011 年，他出版了《昨日辉煌》

（*That Used to Be Us*）一书，在书中鼓励美国人民找回当年的移民精神，方法是将移民的价值观和态度视作指路明灯。我们利用好这种心态，就能成就大业。

年轻的雅芳销售员

对每位女性而言，投资自己的方法各不相同。以我自己为例，我很小的时候就走上了这条路。我们家从古巴移民来到美国时，我年仅5岁，我弟弟只有3岁。1959年，菲德尔·卡斯特罗（Fidel Castro）率领反对派推翻了前任政府，建立了新政权。数十万古巴人民逃往美国，这些人里也包括我的父母。

我们全家刚到美国时，我的父母都30多岁了。他们得从头学一门新语言，为自己创造新身份，重建生活。于他们而言，这完全是个新的开始。他们谦卑地对待每一件事，努力维持生计。父亲以前在古巴经营超市和汽车销售公司，来美国后却只能在福特汽车公司的装配流水线上给汽车喷漆；母亲空有大学文凭，来美国后却只能在工厂里做裁缝。为了赚点外快，她还在家里做婚纱，给所有邻居看孩子。通过言传身教，父母赋予了我良好的职业道德，让我学会自律，为人谦逊，懂得感恩。他们从不抱怨遭受的一切，相反，他们热爱美国这片新土地，教导我和弟弟也要热爱美国，感激在这里度过的每一天。

我们在新泽西州的蒂内克镇（Teaneck）安顿下来。这里主要住着犹太人和非裔美国人，而我们家是整个街区唯一的拉美裔家庭。我们努力地维持生计。我很早就意识到父母需要我的帮助。比如，他们正在学英语，需要我帮忙。因此，我得学会投资自己。移民家庭的孩子在成长过程中会对父母有种责任感，想帮助他们，这种现象很普遍。可是高一那年，我发生了一些变化，变得更加勇敢自信了。我在一家天主教女校上学，在学校是个好学生，可父母负担不起我的学费。一天晚上，我无意间听到了他俩的谈话。他们当时以为我已睡着了。

"天哪！"母亲说，"我们怎样才能付得起这所学校的学费？"

"别担心。"父亲说，"上天会帮助我们的。"

我的天哪。13 岁的我心想："完了，世界末日要来了。我要辍学了。"随后，我意识到自己可能言之过早，实际情况还没那么糟糕。但我也明白，我得做些事情来帮帮父母，因为我们同甘共苦。

我想起了与我家住同一条街的那位和蔼可亲的老奶奶。她是雅芳公司的一名销售员，挨家挨户地上门推销化妆品。一次，她问我想不想在自己学校出售雅芳的产品。作为回报，她会给我免费的口红、眼影和腮红。这一点深深地吸引了我，可我知道，修女们不会买这些东西。可在那天晚上，我的想法变了。我知道自己该做什么了。第二天，我就去找她。

"还记得吗，你问过我想不想卖雅芳的产品？"我问她，"我想卖，但我想换一种更好的交易方式。咱俩利润平分吧。"我提出的观点是从哪里学到的呢？想必是在电视节目上看到的。"利润平分"听起来像是大人做生意的口吻。实际上，她也同意了！她招募我做她的副代理人。于是，我开始把雅芳产品卖给我的同学和她们的母亲。这个消息一传十，十传百，于是人人都想找我买。这是我初次涉足病毒式营销^①（viral marketing）。

我攒下了一笔钱，打算去学校找修女们付清学费。但我知道，作为传统古巴家庭的大家长，父亲绝不会同意我自己付学费。于是，我请求修女们别告诉我的家人。此外，我还请她们给我的父母写了封信，说我获得了半额奖学金。她们同意了，于是我把信带回家。父亲展开信纸读了起来。母亲的视线越过他的肩膀，也落在信上。

"信里说了些什么？"母亲问道。

"咱们女儿真是个天才！"父亲答道，"你瞧，上天终究帮了我们。"

这是我在投资自己方面学到的第一堂课。在生活中遇到问题后，我以投资者的方式思考，就找到了解决办法。尽管我目前不以做销售闻名，我依然很有成就感，并深感喜悦，因为我能为自己做一些事情，这些事情既对自己有益，又能为家人分忧。投资自己的种子开始在我体内生根发芽，让我初步感受到自己能运用天赋和资源做到哪些事情。

---

① 病毒式营销：是利用公众的积极性和人际网络，让营销信息像病毒一样传播和扩散的营销手段。病毒式营销也可以称为口碑营销的一种，它利用群体间的传播，让人们建立起对服务和产品的了解，达到宣传的目的。这种传播是用户之间自发进行的，因此几乎不需要费用。——译注

靠自己走上成功之路

我希望你能学到移民们的态度和价值观，也就是凡事皆靠自己，并将其运用到你的自食其力旅途中。我敢保证，只要这么做，我们这代人有生之年定能改写自己家庭的经济状况，创造足够的财富。移民们用了哪些方法呢？以下是一些干货：

· 你住在全世界对女性、对创业最有利的国家。记得心怀感恩。

· 愿意从基层做起，脚踏实地，一步一步往上走。

· 放弃权利意识。它不是为你服务的。

· 你与家人同在，要像团队一样齐心协力。

· 不论做什么事，都要早点开始，晚点离开。

· 要谦虚肯干，做好准备，既能工作，又能赚钱。每条路都能教你一些经商之道。

· 创业需要热情和毅力。记得把自己训练成主人。

· 从你自己所属的群体开始。寻找像你一样需求尚未得到满足的人，先跟他们做生意。

· 你的追求不应仅限于"生存下去"。努力投资一个更有保障的未来，为生活的跌宕起伏做准备——从今天做起。

不论你背景如何，我都想帮你开始投资自己，成就一番大业。我想教你以创业者的方式思考。我想帮你从自己身上找出值得投资的种子（不论它在哪里），将它精心栽培。我想让你知道，经济独立能让你活得安稳而有保障。

如何应对生活中的意外

生活中总会发生点儿意外，这是理所当然的。尤其是当我们无法掌控它们时，我们就会感到无助，感到害怕。可想而知，我们会难过，会委屈，甚至会痛苦不堪。但要记住，我们依然能在某种程度上掌控自己的生活，这一点至关重要。我们可以选择不做旁观者，对生活中发生的一切袖手旁观；相反，我们可以通过投资自己，给自己和身边人的生活带来变化。

要想应对生活中的意外，唯一的方法就是把自己的生活过到最好。我们应该每天都过着自己想要的生活。可是理想的生活不会从天而降，我们得自己采取行动，才能过上理想的生活，才能实现自己的梦想，哪怕只是小小的行动——因为时间在一分一秒地流逝。

你一直想做、却迟迟未做的那件事是什么？是重返校园吗？时间不等人，哪怕你起步慢一点，比如听听网课，上上夜校，你都能在不知不觉间完成学业。是节食减肥吗？太好了，我正好亲身经历过。你可以慢慢来，每周瘦个 0.5 磅，哪怕 0.25 磅也行。这样日积月累，一年之后，你就能瘦多了。是自主创业吗？哪怕你每周只花一小时，只在网上卖出一件商品，你只需开始行动，然后把赚到的钱攒下来，去实现梦想。找到你真心想做的事，一步一步实现它，哪怕采取小小的行动都能带给你力量。一旦生活中发生意外，这种你投资于自己的力量就能帮你更好地应对。

开始给自己列个清单吧。想想你今年想要做哪 3 件事。你做得怎么样了呢？如果进度慢，也别逼自己太紧。你只需考虑接下来该怎样迈出一小步，然后付诸行动。行动起来投资自己吧。

投资自己之路
鲁皮拉·塞蒂（Rupila Sethi）的故事

鲁皮拉·塞蒂是个土生土长的印度姑娘，来自一个开明、团结的锡克教家庭，是家里的 3 个孩子之一。她在印度一所名校学习建筑专业，25 岁那年，决定去纽约攻读硕士学位。她的家人尽管深信教育非常重要，一开始却并不赞成她去，因为他们希望她在离家近的地方定居，然后结婚成家。然而，鲁皮拉还是申请了纽约的学校，收到了助学贷款，即将去帕森斯设计学院（Parsons School of Design）学习照明设计（lighting design）专业。家人们都舍不得她跑那么远，但也明白，这是个绝佳的机会，不该拒绝。

鲁皮拉在纽约只有一个亲戚，就是她叔叔。刚开学时，她在叔叔家住了一个月，随后，她很快就在皇后区找到了一间能够负担得起的公寓。为了开源节流，她和两个室友合租，还在学校的一位教授手下工作。在短短一年的时间里，她不仅完成了硕士学业，还一直在全职工作。这一年于她而言挑战不小，但她充分地利用好每分每秒，既探索了纽约的大街小巷，又在业界建立了广泛的人脉。

毕业后，鲁皮拉继续在这位教授手下工作，地点是纽约曼哈顿市中心的一家设计工作室。她参与了蒂芙尼（Tiffany）、HBO 电视网、乐播诗（LeSportsac）等大公司的重要照明项目，积累了丰富的经验，也为美国和科威特的高档住宅设计过照明系统。然而，这个行业让她有束缚感。她在工作中几乎用不到艺术技巧，但她渴望获得一定的创作自由。

毕业后不久，同专业的一位朋友来找她，想和她一起在纽约西村开个餐馆。她的家人在老家就是做餐饮业的。当时鲁皮拉已经结婚了，丈夫有一份收入不错的工作，于是她决定从工作室辞职，一心一意经营餐馆。餐馆生意兴隆，地段热门，客流量大，好评如潮。通过经营餐馆，鲁皮拉对纽约了解得更深了。在那之前，可能她觉得自己也算衣食无忧了，能沿着清晰的人生轨道走下去；可自从开了餐馆，她才知道自主创业是怎样一回事。她学会了与承包商、顾客和员工打交道，学会了在这座城市的条条框框下走好自己的经商之路。她帮朋友经营餐馆，一干就是两年多；但她觉得太久了，她和丈夫想要个孩子。正好有位生意伙伴提出要买下她的全部股份，于是她欣然应允。当时她担心自己浪费了两年时间，但回顾过往，发现自己正是在那两年里学会了经商，也攒下了人脉。这些经历积累起来，为她现在的事业奠定了基础。

鲁皮拉想重拾老本行，从事与建筑相关的工作，同时也做着多份兼职。其中一份就是在一家建筑公司做项目经理，她非常热爱这份工作。她在这家公司的地位快步上升，一年后，一位上司找上她，想和她共同成立一家新的建筑公司。她们决定成立"天线设计与建筑公司"（Aerial Design and Build）。天线设计与建筑公司很快就与一些知名大公司、大客户签订了合同。合伙人精于技术知识，而鲁皮拉擅长争取客户、签订合同。这是她从照明设计、餐馆经营生涯中积累的经验。

在经营这家公司的前 4 年里，鲁皮拉生了两个孩子，她的合伙人搬去了希腊。公司的发展慢了下来，她们常常发愁，不知该从哪里再接个大订单。她们希望获得媒体关注，宣传自己的公司，希望吸引更多的订单。这时，她们听说了非营利组织"算我一个"。该组织旨在通过提供免费商业辅导、金融培训和宣传机会来扶持女性经营的企业。鲁皮拉与合伙人从百忙中抽空申请"算我一个"提供的项目，终于在激烈的竞争中脱颖而出。在此过程中，有良师指导，有媒体报道，天线设计与建筑公司再次有了起色。她们有长远的目光，会考虑公司未来该如何发展，下一步该攀登哪座高峰，而不会满足于当前的成就，从而止步不前。5 年后的今天，天线设计与建筑公司的年度收入高达 700 多万美元。

与恐惧和失败成为最好的朋友

每当我上台讲述自己的事迹之前，我都会先播放一部 3 分钟长的短片，介绍自己取得的成就。这样一来，观众就会明白我是什么人，为何会站在台上。我特地想通过该短片给观众留下深刻的印象，用商界行话来说，它是个"嘶嘶作响的卷轴"。我自己看这个短片时都会深受触动，对自己的经历感怀不已。但我登台以后，我会首先告诉观众，我失败的经历堪称是成功经历的 3 倍。这会让你潸然泪下。

恐惧和失败像一个双头魔鬼，是我们在投资自己旅途中需要克服的最大障碍。它们老是出现在我们的生活中，往往还形影不离。我们首先要接受它们无法避免的事实，然后要学会正视它们。一开始，你什么都怕；接下来，你会冒险一试，但是害怕失败——相信我，你肯定会失败的。你一失败，就会觉得世界末日要来临了，但你得再信我一回：世界末日是不会来的。

有人曾对我说："那当然，因为你得到了自己想要的一切，又会有什么可怕的呢？"听到此言，我忍俊不禁，因为这与事实相去甚远。我当然也会害怕，但是数年之前，我决定要与恐惧和失败成为最好的朋友，把它们视作我的指路明灯。既然它们频频出现在我的生活中，那么我应学会接受它们，关注它们究竟想教会我什么道理。

即便在今天，我依然会因为恐惧而错失良机，会因为失败而痛苦不已。对此，我也无法淡然处之；遇到大挫折后，有时我也会消沉，在床上一躺就是好几天。可每当这个双头魔鬼出现时，我都相信她会教我一些道理，会为我指明方向。如果没有她，我就意识不到这一切。我知道，她值得我尊敬。我会向她问好，听她教诲。恐惧会提醒我必须去做某些事情，即使我害怕它；失败会提醒我自己在生活中有所疏漏，若不改正，下次依然会重蹈覆辙。于我而言，每逢重大失败，紧随其后的就是巨大成功。（顺便说一句，我发现嫉妒也是如此。我会问自己，我之所以嫉妒这个人，是因为他有哪些特质？我怎样才能获得这些特质，才能从中学到东西？）

我得学会与恐惧和失败做好朋友，因为在拉美人的文化传统里，我们都是在恐惧中成长。我发现，对于其他文化背景的女性而言也是如此。失败固然是一种耻辱，但也是美国历史不可或缺的一部分。哪怕感到恐惧，无论如何，也要继续走下去。这就是美国的发展方式。我们要学习硅谷人的精神，他们将失败视为通往成功之路的一个驿站，是一件值得庆祝的事情。

我也应该明白，恐惧不是一种客观事实，只是一种主观感受。你必须克服它。此外，在你走出失败之前，应先从失败中吸取教训。让我们启程前进吧！请你行动起来。不要瞻前顾后，只需行动起来。哪怕会恐惧，会失败，也要让行动为你引路，再去体验和感受。

正视自己的恐惧

从 5 岁到 10 岁的那几年里，我有各种各样的恐惧症。比如，我害怕在雪中行走，害怕听到噪音，还害怕看到大石头。我一害怕就会啃指甲。我内心充满了恐惧和焦虑。我会哭个不停。然而，我小小年纪就已承担起家庭的重任，要为父母做翻译，为家庭作决策，是父母的左膀右臂。现在看来，那些恐惧症是我当时做回孩子的一种方式，因为我一犯恐惧症就能引起父母的注意，他们就会来关心我，照顾我。

小学 6 年级时，我遭遇了一件坏事。学校里有个女生欺负我，我感到痛苦极了。我发现，正因她能感受到我的恐惧，所以才敢欺负我。于是我意识到，反抗才是唯一的出路。一天，她又来欺负我，我朝她大吼大叫，然后把她推进了垃圾桶里！说到此处，我其实有点儿不好意思。请别误会，我只是举个例子，可不是建议你也把别人推进垃圾桶里，这样你就不会害怕了。从那以后，她再也没有欺负过我。

我希望你能明白，你完全有可能马上消除恐惧感。如我所言，恐惧不是一种客观事实，只是一种主观感受。如果某人某事在生活中伤害了你，你完全有能力及时止损，作出改变。我亲身经历过这一切，所以深有体会。我母亲把这个过程称为我的"巨大蜕变"。我变得勇敢之后，母亲开始戏称我为"天外来客"。她说，肯定有个天外来客穿越到了我身体里，所以我才变得如此勇敢！

我童年时的恐惧症消除了，但并不代表我从此以后再也不会害怕。数年之后，我 30 多岁，童年时的某些恐惧症再次出现，并困扰着我。我突然开始恐高，但我知道自己该如何面对。我勇敢地报班学习跳伞，从飞机上跳下来——我录下了自己跳伞的视频，可以证实这一点。当然，你也不必非得像我一样去跳伞，才能正视内心的恐惧，可你至少学到了一种克服恐惧的方法。从那以后，我再也不恐高了！

让恐惧把你带到更高的地方

我喜欢诗人里尔克（Rilke）说过的一句话："在'未来'还没有发生之前，它就以这样的方式潜入我们的生命，以便在我们身内变化①。"这句话提醒我：美好的事情终会发生，即便我们暂时看不到。

---

① 这句话摘自里尔克的作品《给一个青年诗人的十封信》里面的第八封信。译者在此处引用了冯至先生（著名诗人、翻译家，曾任中国社会科学院外国文学研究所所长）的译本。——译注

2007 年，我把自己很看好的一档电视节目卖给了 NBC。在我看来，这档关于女权的真人秀节目定能取得重大突破。我还设想了一个很有用的在线环节，也就是让节目的粉丝通过社交媒体及时跟进比赛。然而，2008 年发生了金融危机，广告主资金紧张，NBC 只能删减节目，我想推出的那档节目取消了。我深感失望。

大约在这段时间，NBC 当时的联合主席本·西尔弗曼（Ben Silverman）邀请我参加《名人学徒》节目的第一季。这是个刚刚推出的新节目，所以他跟我详细解释了节目背后的一切构想。在他看来，节目里应该有一位活得底气十足、坚持做自己的拉美裔嘉宾，这一点至关重要——所以他来邀请我。听到此处，一阵恐惧立刻涌上我的心头。"我又不是名人。"我想，"那么他们为什么想让我参加一档叫作《名人学徒》的节目呢？"要知道，我平时做的是幕后工作。我心头暗想："你不属于该节目嘉宾里的一员。你没有参加直播节目的天赋。"所以我回复他："你在跟我开玩笑吧？我又不是名人。"

西尔弗曼答道："你为什么不感谢我呢？我可给你的事业带来了价值数百万美元的免费宣传和公众关注。等节目一播完，你就成为名人了呀。"听完这番话，我努力克服内心的恐惧，接受了他的邀请，并一再向他道谢。

事实证明，参加《名人学徒》是我一生中最棒的经历之一。节目为期 6 周，录制期间与外界隔绝。节目的嘉宾在不同领域各有所长，其中有 Kiss 乐队的核心成员吉恩·西蒙斯（Gene

Simmons），他是我见过的最聪明的人之一；有拳王伦诺克斯·刘易斯（Lennox Lewis）；有女演员玛丽露·亨纳（Marilu Henner），和她一接触才知道，她的记性好得惊人；有体操名将纳迪娅·科马内奇（Nadia Comaneci），她被福布斯网站评为近150年运动史上最伟大的10位运动员之一；有英国著名新闻人皮尔斯·摩根（Piers Morgan）；还有奥马罗莎（Omarosa），她向来名声不佳，曾被评为电视节目中坏女人的标杆，但其实她聪明又能干。当然，还有整个节目的总策划唐纳德·特朗普（Donald Trump），他当时还只是一名成功的商人，尚未从政。总之，我们团队棒极了。

我与吉恩·西蒙斯相处了很长时间。他平时爱在脸上画夸张的面具，爱穿厚底靴，但透过这些表象，我发现他有很强的洞察力，为人体贴而周到。他的见解常常让我耳目一新。我们在节目的同一组，一次活动中，他为了救我，自己却被解雇出局了。那时我们已成了好朋友。他离开节目前，我打电话向他道谢。

"吉恩，我都不知道该说什么才好。谢谢你为我挡子弹。"

"因为你值得啊，加兰。"他说，"不过我能给你提个建议吗？我怎么觉得，你是个'用最难的方式爬山'的移民呢？你很努力，但不聪明。你并不享受自己做的事情，似乎一件事情不难，你就不享受似的。你不必再那样了，知道吗？你现在已经成功了，也有了很好的人脉，知道吗？为什么不做些更大的事情呢？我觉得你注定会有更大的成就。你为什么不抽出一段时间，为生活设立更高远的目标呢？"

听到这番话，我几乎无法呼吸。那一刻，我再也无法自欺欺人，认为他只是在恭维我而已；相反，这番话让我刻骨铭心。

节目录完后，我回家了。我再次陷入对事业的恐慌，因为美国经济陷入了大萧条。布里安问我："内莉，你究竟在怕什么？让我问你一个问题：如果你发现自己只能活一年了，那么你今天想要做什么？"

我很快就找到了答案："我想完成学业。我想重返校园，拿下学位。"我知道，自己牺牲了什么，错过了什么。这些年来，我一直在工作，但我本应在大学里接受教育。我还想做很多很多事；我想去学习心理学。

"那就去做吧！"他说。于是，我立即行动起来，找电视台请了 4 年假。一开始我每天都会有点儿恐慌，心怀内疚，逃避责任，懒惰懈怠。内心深处有个可怕而消极的声音对我说："你以为你是谁？"我把自己的近况告诉家人和朋友，他们听了都一脸震惊，这让我更加消极了。但我能感受到，恐惧在把我带往更高的地方，所以我坚持了下来。

开学第一个月，一位教授读了我写的一篇论文，随即点评道："这是什么东西？跟说唱表演似的。"由于我小半辈子一直都在传媒界工作，我的写作风格难免会受到职业影响。我与娱乐界人士打交道时，往往想输出一些观念，这种说话方式就影响了我的写作风格。教授说："你得从头开始学习写作。这里有本斯特伦克（Strunk）①和怀特（White）②合著的《英文写作指南》（*The Elements of Style*），是一本关于英文句法和语法的经典著作。你先学学该怎样写作，再去重写你的论文，最后交给我。"

回家后，我把教授说的话告诉了布里安。他说："天哪，那位教授真是这样说的吗？如果有人这样说我，我觉得我会放弃的。"

"不，我要去更高的地方。"我说，"我要怀着谦卑的心态后退，才能更好地向前。"那一刻，我顿悟了。我突然懂了吉恩·西蒙斯说过的话：我需要花些时间，为下一个成长阶段做投资。我要设定更高远的目标。那一刻，我明白，重返校园是个正确的决定。我需要停下来休整一阵，回顾分析过往的足迹，看看自己在学业上有哪些不足，再一一弥补，从而去往更高的地方。

有时候恐惧能把你带到需要去的地方，警醒你离开自己的安全区。一路走来，我不乏勇气，却错过了一些重要的里程碑。每当我感到恐惧时，我就告诉自己：它是在提醒我别只顾着向前，而应适度后退，踏实工作。

我在为人生的下一个阶段做投资。我学的心理学专业给我提供了分析方法，也培养了我的洞察力，让我能好好审视并理解自己作

---

① 小威廉·斯特伦克（William Strunk Jr.）（1869—1946）：康奈尔大学英语系教授，英语语法和写作方面的专家。他与埃尔温·布鲁克斯·怀特合著的《英文写作指南》是英文写作方面的经典必读书，影响深远。——注

② 埃尔温·布鲁克斯·怀特（Elwyn Brooks White）（1899—1985）：美国著名作家，《纽约客》杂志撰稿人，与小威廉·斯特伦克合著经典作品《英文写作指南》，影响深远。他也创作儿童文学作品，代表作为《夏洛的网》，广受欢迎。——译注

为移民、作为拉美裔女性、作为自食其力创业者的奋斗历程。突然之间，生活的谜团解开了。如果经济没有滑坡，如果我原先策划的那档节目没有流产，如果我没有去参加《名人学徒》，我就不会重返校园学习心理学，就不会意识到较之电视节目，我对女权话题有更多的想法。我写过以女性奋斗史和拉美裔女性奋斗史为主题的论文，这为我发起的自食其力运动奠定了基础。随后，我还在全国各地发表巡回演讲，传播自身理念，最终促成了本书的诞生。

克服恐惧从来都不容易，但你能从中有所收获，有所成长，最终被它改变。永远别让恐惧阻碍你前行的步伐。永远。你可以把我当作你的跳伞教练。我不会一把将你推下飞机；相反，我会手把手地教你检查降落伞和备用伞，再为你演示该如何着地。

有时候，输就是赢

2015年环球小姐选美比赛的决赛之夜发生了一起乌龙事件，让我忍不住设身处地地考虑哥伦比亚小姐的感受。我很同情她。她刚刚获得了环球小姐比赛的冠军，可是，才过了几分钟……哎呀，原来主持人搞错了！菲律宾小姐才是真正的冠军。哥伦比亚小姐头上的桂冠马上被摘下来，乍一看，我相信她当时定然震惊不已，羞耻万分。

然而转念一想，她真的输了吗？也不一定。首先，她能从这场乌龙事件中获得关注，为她的事业提供极好的开端。有时候，一次失利反而能引领你产生更好的想法，承担起更大的使命；能让你避免犯下大错；能为你打开一扇新的大门，让你获得更好的东西，和真实的自我更加一致，最终走上更好的道路。

此时此刻，她的目标是像刚开始那样争夺环球小姐的桂冠，还是成为优秀的自己？我最近在《More》杂志上读到一篇好文，标题为《智慧是美丽的新标准》。我相信，哥伦比亚小姐就算暂时不懂，也终会明白这一点。失去环球小姐的桂冠后，她会做得更好。这个世界属于她，她尽可以摆脱头衔或美貌的束缚，尽情地探索世界。但愿她能变得焕然一新，变成更有深度、更好的自己。

像投资人一样选中你自己

我在前面说过，很多人都做着"白马王子"的美梦，幻想会有个"白马王子"来拯救自己。"白马王子"的美梦还有一个版本，我将其称为"中选"之梦。在这个梦里，你只要在对的时间来到对的地点，神奇的变化就会发生。只要运气好，时机对，你就能一夜之间从无名小卒摇身一变，成为幸福而著名的成功人士。事情的进展如下：有个人能帮你实现梦想。他会看到真实的你，看到你想成为的那个自己，看到那个隐藏在内心深处的你。然后他会选中你，帮你变成理想的自己。

我们如果有"中选"之梦，往往都是受到一些"现世童话"的影响，比如美丽的女孩在商场逛街时被星探发现，摇身一变成为著名模特；帅气的送货员小哥某天去送货，发现客户正好是选拔演员的负责人，于是幸运中选……或许你的梦想更接近这个版本：一天，你在一场会议上发言，上司发现，原来你如此优秀。突然，他看你的眼神都完全不一样了——你简直就是搞管理的料！于是他马上给你升职。或许你的梦想是这样的：你喜欢做烘焙，于是为学校举行的糕饼义卖活动烘焙你拿手的布朗尼蛋糕。可你不知道，参加义卖的另一位家长是个富有的风险投资人。她尝到你的手艺，感到惊艳不已，主动提出要支持你，把你烘焙的布朗尼打造为成功品牌！

我们大多数不会承认这一点，可我们的确暗自希望自己能被选中。我们认为："如果我努力工作，做一切对的事情，就会有人注意到我，我终将获得回报。"然而事实却是，你若想被别人选中，就得先自己选中自己。你不能干坐着等别人来让你成功，而应靠自己来取得成功。要想做到这一点，首先应认清自己的天赋和能力。这意味着你要设定目标，实现目标，并说明自己为何要实现它。不要等着奇迹自己发生，而是主动让它发生。首先选中你自己吧！

那么，我说的"选中你自己"具体是什么意思呢？为了解释清楚，我来说一个自己职业生涯中的小故事。在我 35 岁那年，索尼公司的一位高管想为美国的西班牙语电视网——德莱门多招聘一位主管。他看中了我，想和我就此事谈谈。天哪，他想让我当主管！德莱门多电视网的第一位拉美裔主管！这可是我从小就梦寐以求的工作。我的偶像是谢里·兰辛（Sherry Lansing），她是二十世纪福克斯电影公司的首位女性制片主管。十几岁时，我把她的照片从《名利场》（Vanity Fair）杂志上剪下来，贴在卧室的墙上。虽说我能胜任德莱门多电视网的主管职位，可我依然是个外行。我一直以来都在经营自己的电视制作公司，独立策划电视节目的内容，然后提供给各大电视网。于我而言，电视网是我的客户，我不是它们的内部人员。

面谈时，这位索尼高管直截了当地对我说："在我看来，你是个有点儿我行我素的创业者，可是这份工作性质不一样，是一份典型的公司内部的工作。"我的心顿时漏跳了一拍。他是一名杰出的高管，将会在好莱坞取得伟大的成就，我很欣赏他的坦率。我明白他的意思了。在他看来，我更倾向于走自己的路，不墨守成规，不是那种时刻把公司的需求摆在首位的人。事后想来，他可能看出了一些东西（没办法，我隐藏不了自己作为创业者的特点），但我已经下定决心要得到这份工作，这正是我想要的工作。听他说完这番话，我感觉这份工作要告吹了。

我知道，我得做一些重要的事情来让他对我刮目相看，让他相信我就是这份工作的理想人选。于是我回到自己的办公室，开始把自己对德莱门多电视网的构想拍成视频，用录像带录下来。我雇了一个设计团队，专为德莱门多设计外观。视频的内容反映了我想发起的自食其力运动，还承载了我想表达的一个观点：作为一个拉美裔美国人，我担任这个职位对拉美裔美国人和其他族裔的美国人而言都是最佳选择。我还雇了几名编辑，和他们一起工作了一周。整个过程我都自掏腰包。完工之后，我把录像带送给那位高管。录像带里的内容正好体现了公司经营者会考虑的问题。凭借这盘录像带，我获得了自己梦寐以求的工作。

我做了一个清醒的决定——选中我自己，并相信接下来的一切都会如我所愿。

我是怎样知道该怎么做的呢？因为我有丰富的经验，在很多情况下我都选中了自己。我希望你也能这样做：确定你的目标，确定你想要成为的人（这个人终会被"发现"），多次练习像投资人一样选中你自己，直到你能自如地代入那个角色。去做一切能增强你自信的事情，比如采取实际行动，自学知识技能，培养理想中的自己具备的各种特质。虽然这样做，你一开始会感到不适，有时甚至会觉得糟透了，但你必须养成练习的习惯。正如训练肌肉那样，你得经常锻炼，才能让它变得强壮。

我是从何时开始养成这种习惯的呢？这要从我高二那年说起。当时，学校的一位修女——我最喜欢的那位修女居然指责我抄袭！我写了一篇短篇小说，讲一位老妇人死在了古巴的渔村。我估计那篇小说写得挺不错的，因为修女居然认为我抄袭了欧内斯特·海明威（Ernest Hemingway）的作品。学校给予我 3 天的停学处分，把我送回了家。我努力和父母解释，他们却和修女站在一边。作为移民，他们常常感到害怕，害怕一切给他们蒙羞的事情。我现在能理解他们的立场，可是当时我还小，感到愤愤不平。父母告诉我："你应该回学校跟老师道歉。"这简直气死我了！我明明什么都没做错，他们却不听我解释。

如今我明白，只要使用得当，愤怒也能成为一种强有力的工具，能激励你做一些大事，与制度抗争。我生父母的气，因为他们不支持我。我生那位修女的气，因为她居然认为像我这样勤奋善良的好学生会去抄袭别人的作品。我找到了排解愤怒的方法。停学期间，我在自家的阁楼上写了篇文章，标题为《你为何不能把女儿送去天主教女校》。我把这篇文章投给了我最喜爱的《十七岁》（*Seventeen*）杂志。

3天后，我回到学校，那位修女把我叫去她的办公室。"很抱歉，内莉。"她说，"你作品中的某些情节让我想到了海明威写的一篇小说。我错了，不该说你抄袭。这个故事写得很好，我为你鼓掌。我只是难以相信，你现在才15岁，居然能写出这么有深度的故事。"

"我认为，我的思想深度超过了同龄人。"我答道。她给我的这篇文章打了A+。

短短几个月过去，这件事在学校里平息了。一天，我收到了一封信。寄信人叫洛里（Lori），是一位助理编辑。展信一看，信纸抬头上赫然印着"十七岁"的字样。信上写道："恭喜你！我们选中了你的文章，将在《十七岁》杂志上发表。随信附上一张100美元的支票。"你能想象一个少女收到这封信时的感受吗？作为一名天主教徒，我感觉天主似乎指引着我，选中了我；但事实上是我自己选中了自己——自己写文章，自己去投稿。

文章发表后，我惊慌不已，修女们再次因我而感到不安。换作今天，如果有个少女能写出这样的文章，或许会成为下一个莉娜·邓纳姆（Lena Dunham）[1]；然而在那个年代，修女们毫无幽默感可

---

[1] 莉娜·邓纳姆：出生于1986年，是一位美国电影制片人、导演和演员。她曾在2010年编写并执导独立电影《微型家具》。她还创作并主演了HBO电视剧《衰姐们》，在2012年凭该电视剧入围四项艾美奖提名，并获得两项金球奖。——译注

言。我写的那篇文章引起了轰动,《十七岁》杂志社邀请我担任客座编辑。当时我已修满了学分,可以提前从高中毕业。于是我毕了业,开始从新泽西州跑去纽约曼哈顿实习,在两地之间来回奔波,一干就是一年。如果你想知道得更多,我可以告诉你,当时我在一家名叫"限量版(The Limited)"的服装店做销售,一切费用自理,因为杂志的实习是无偿的。

我不会忘记这段经历教会我的道理:如果你采取行动,选中自己,你的生活可能会发生一些改变;相反,如果你毫无作为,一成不变,我敢保证,什么事情都不会发生。

请听我说,很多时候我明明采取了行动,结果却不尽如人意。不过,就算不是每次结果都能让人满意,那也没有关系,你可以把每一次行动当作练习。关键是要养成选中自己的习惯,直到它成为你的第二天性。或许我只是因为运气好,才有了这段经历,但我也借此机会尝到了选中自己并获得回报的甜头。说实话,我常常暗想:"主啊,我可是要做大事的人呢!"

我经常在自己组织的活动中遇到一些女性,她们的措辞方式往往是"我喜欢烹饪",而不是"我是一名厨师";或是"我帮朋友打理衣橱",而不是"我是一名造型师"。我告诉她们:"女士们,你们如果想让别人看到真实的自己,那就应该为自己代言!我们国家欣赏能够大力发声、坚持自己信念的人。我们喜欢勇气。美国很可能是世上唯一一个给勇者以回报的国家。所以,请采取行动,大力发声,成为勇者,做真实的自己。请坚定地说:'我是优步司机,我经济独立。'请坚定地说：'我经营自家的网店，我经济独立。'"
请选中你自己。一旦你这样做，人们就会注意到你，然后他们会一
次又一次地选中你。

投资你自己

我相信，你得消灭自己体内的某些部分，才能让其他部分重生。
脑海里会有个消极的声音对你说："你以为你是谁呀？"为了选中
自己，你必须赶走她。那么，你该怎样才能赶走她呢？你该怎样才
能摆脱压迫你的包袱、阻碍你的桎梏，变得更美好、更强大，尽情
展翅翱翔？要想做到这些，你需要下功夫——下很多功夫，从内心
做起。若想选中自己，你需要自省。

在返校充电的那4年里，我有很多烦人的事情要处理，有很多
愤怒的情绪要疏导，还有很多矛盾要调解。心理医生帮了我很大的
忙，不过呢，写作也让我受益无穷。我每周坚持写作，这个习惯保
持了很多年。我从7岁时起就开始写日记了。我每周都会在日记中
记下自己感激的事情，在本周取得的成就，还有在哪些事情上需要
再接再厉。生活中一有事情发生，你的日记就有了主题。有些是坏
事，有些是好事。你应该下定决心，摆脱坏事，让自己遇到更多的
好事。说真的，像投资人一样选中自己是一种自我帮助、自我治疗
的好方法。在这一过程中，你可能也会需要专业的帮助。

投资自己

请选中你自己。
一旦你这样做，

人们就会
注意到你，

然后他们会
一次又一次地
选中你。

如果心理治疗让你感到不适，那就去找个生活咨询师咨询吧；如果你觉得这不符合你的处事风格，也可以去找神职人员为你的心灵引路，比如神父，牧师，修女，拉比①，只要能担任你的精神导师就行。你若想求助，方法有的是。你也不该以为自己只能独自面对问题。

重视自己吧，你能从中学到很多。你做的每一件事，已经作出或将要作出的选择都很重要，因为你自己很重要。这不是自恋，也不是夸张，而是让你相信自己的行为很有价值，自己的决策能产生影响，让你选中自己，相信自己能够成功。你最大的投资就是你自己，她正在镜中凝望着你。一旦你决定做个经济独立的好姑娘，你所投资的，最终是你自己。

谁在你的团队里

我喜欢提醒别人，科比·布莱恩特(Kobe Bryant)有20位教练。难道对你来说你自己不如科比重要吗？

要想投资你自己，你就应组建一个团队。这个团队里的人能教会你新技能，帮你完善旧技能，在各个方面支持你，包括情感方面。你可以学习课程或聘请私教，最好是拿自己的技能去交换别人的技能。或许你因自己不懂技术或社交媒体而感到尴尬，但没关系，你

---

① 拉比（rabbi）：犹太人中的一个特别阶层，主要为有学问的学者，是老师、智者的象征，社会地位十分尊贵。——译注

不是一个人。在当今这个信息时代，一切都在迅猛发展。据我所知，有的亿万富翁会聘请私教教他们上网，还有的亿万富翁在学习会计和法律知识——这些都是经商必备的基本知识。他们之所以学习，是为了掌握足够的知识和技能，才能更好地管理下属。

在管理一家小型电视台时，我意识到自己没做好充分的准备，特别是在数学方面。我讨厌学数学。于是，我在报上登了则广告，因为我觉得别人应该也会这么做。一位名叫奥菲莉娅（Ophelia）的女士回复了我。她居然叫奥菲利娅！我永远不会忘记她。奥菲莉娅成了我的数学老师，每周来我办公室三次，教授与我的事业相关的数学知识。她非常喜欢数学，所以激发了我对数学的兴趣，让我也爱上了数学。现在，我可以教任何人学数学了。其实我挺喜欢做会计，喜欢平衡账目。

如果你没有时间或金钱聘请私教，也可以去学习课程。你可以上免费的夜校，可以学习 YouTube 上的在线课程，还可以上可汗学院(Khan Academy)的官网在线学习。可汗学院拥有海量的资源，涉及数学、经济学、金融学、计算机科学等多个学科。

你可以加入年轻创业者的俱乐部，比如"创业者组织"（网址：eonetwork.org），或者加入你们当地的商会，就能找到乐意助你一臂之力的人。商会能提供培训机会和各类信息，还会组织社交活动，让你认识像你一样的创业者。在工作中，你可以加入自己公司的拉美裔、非洲裔或亚裔美国人协会，也可以加入专业组织或专业群体。

　　这条建议的重点在于，你应组建一个团队，也就是一个优秀的人才资源库，让它能为你所用。你不必独自做这件事，你每走一步都会有个盟友来帮你。

投资自己之路
米拉克莱·万佐（Miracle Wanzo）的故事

　　米拉克莱·万佐热爱时尚行业，大学时却学了商科，因为她认为商科更实用。毕业后，她走传统的路子，在一家制药公司工作。她在制药公司干得很开心，开始步步晋升。生了第一个孩子后，她发现自己追求的生活让自己没有足够的时间陪伴家人。她没法在家上班或者远程办公，而长期通勤又带给她巨大的压力。因此，她想离开公司为自己工作，做个自食其力的人。

　　20 世纪 90 年代末，米拉克莱发现自己在电子商务领域有一个巨大的机会。在当时，互联网还属于新兴行业，没有多少人从事正规的电子零售业务，可供学习的对象不多。于是，她开始研究在线服装供应商，通过 SCORE——美国小企业管理局（Small Business Administration）的咨询机构来积累人脉，并寻找与时尚行业相关的顾问。几个月后，她做足了准备，购入了各类存货，开始在 eBay 网上销售折扣品牌和时尚服饰。她依然在制药公司工作，同时也精心打理着自己的网店。大约一年半后，她的网店越做越好，哪怕辞掉在制药公司的工作，她也能衣食无忧。

　　后来，米拉克莱决定作出调整，想更好地掌控货物。她虽然卖折扣服装，可每次收货前她都不知道货物的颜色和尺寸。她撤离了在 eBay 网上的大多数业务，开始在网上销售女式内衣，网址为 hipundies.com。她的一位朋友经营着一家成功的泳装网店，她认为自己可能会遵循类似的发展轨迹，能够从朋友的经验中受益。她很快找相熟的生产商下了大量订单，能下多少就下多少。这些生产商能接小型订单，还能送货上门。她开始接客户的订单，为客户供货。她的网店马上开始赢利。

当时，内衣电商几乎没什么竞争压力。米拉克莱学会了经营业务，销售有限的存货，并借此时机与大品牌商家接触，让他们来看自己的网店，了解自己的销售方法。她的选择越来越多，盈利也越来越多，但由于电子商务日益普及，很多品牌开始直接在线上销售。她知道，自己迟早要和各品牌的官网竞争，一切都只是时间问题，于是冒着风险改变经营策略。她创立了自己的品牌——"时尚内衣（Hip Undies）"，并将前期开网店的积蓄用于打造自己的国内外内衣产业链。她希望提供独特的产品，并控制产量和价格。米拉克莱非常依赖蓬勃发展的在线咨询组织。她加入了很多组织，比如"算我一个"、脸书小组、eCommerceFuel 和"网红朋友圈"（Dynamite Circle）。这些组织都有一定的门槛，只有收入达标才能成为其中的一员。组织里有许多别的电商，他们为米拉克莱提各种建议，并给予支持。

米拉克莱是一个单身母亲，有四个孩子。她让孩子们帮她一起打理生意，让他们体会到投资自己的价值。她向来都目光长远，学而不厌，将所得的收入用于投资。在她的经营下，网店运营高效，利润节节攀升。她用心对待身边的人，用心经营事业，认真学习经商的方方面面。她满怀热情，想方设法将自家网店打造得活力十足，成就斐然。她一次又一次地选中了自己。

像投资人一样去做

每当我和别的女性说起我自己选中自己的"疯狂"经历时，她们总会问我："可你是怎样做到的呢？你怎会有这样的勇气呢？"告诉你一个秘密：如果只按自己的处事方法，我是做不到这些事情的。"只做自己"在职场上行不通。每当我需要增强自信时，我都有个小诀窍：模仿我欣赏的人，模仿我心目中勇敢独立的人，像他们一样自信满满、干劲十足。我把这种方法称为"像投资人一样去做"。这样做不是"虚伪"，倒更像是恐惧时获得自信的一种捷径。我敢保证，"像投资人一样去做"特别管用！我在职业生涯早期就学会了这个诀窍。当时，每当我因自己在成功人士周围工作而感到恐惧时，就会用上这个小诀窍。

每当我需要勇气时，我都会向几位前任上司学习，力求像她们一样干劲十足、富有威信、自带光环。我在《十七岁》杂志社实习时，曾与美容编辑安德烈娅·鲁滨逊（Andrea Robinson）共事。她美丽能干，充满力量，后来去了露华浓（Revlon）和欧莱雅（L'Oréal）工作。后来，我在电视制片人艾达·巴雷拉（Aida Barrera）手下工作。她行事果断，性格坚韧。20世纪80年代初期，我在大名鼎鼎的莫妮克·皮亚尔（Monique Pillard）手下工作。她经营着精英模特管理公司（Elite Model Management），与伊曼（Iman）、克里斯蒂·布林克利（Christie Brinkley）、金·亚历克西斯（Kim Alexis）等超模签约，管理她们的职业生涯。

莫妮克像一个强势又慈爱的母亲，她的谈判技巧非常高明，甚至能把成年男子谈哭。每当我要参加大会、采访别人或做陈述展示时，心里常常怕得要死，但我会想起自己欣赏的这些女性，然后向她们学习。我会问自己："如果换作莫妮克、安德烈娅或艾达，她们会怎么做呢？"我在职场上一路向前，也认识了许多新导师，其中有男有女。我学习他们的长处，像他们一样为人处世，像他们一样妙语如珠，像他们一样与别人做交易。

如果你跟我一样，向优秀的人学习，以他们为榜样来塑造自己，你终会在此过程中找到自己独特的声音，获得自己的力量，形成和自己真正契合的风格。我参加《名人学徒》时，不止一次地与唐纳德·特朗普在会议室中发生争执。有的女性写信问我："你怎么敢那样和特朗普说话？更何况你还是个拉美女人。"那时，我已经找到了自己内心深处的声音，强大而真切。我再也不是那个软弱的古巴小女孩，一听到老师和同学说伤害我的话，就只会哭哭啼啼。如今，一些我指导过、与我共事过的女性会告诉我："每当我遇到难关时，就会问自己：'如果换作内莉，她会怎么做？'然后，我就像你一样去做。"每次听她们这样说，我都深感自豪。我也非常开心，因为我知道，她们正走在投资自己的路上。相信我，这个诀窍有用极了。

聘请专业人士

我们都有缺乏安全感的时候。在我担任德莱门多娱乐部的主管时，我不担心手头的工作，不怕承受压力，也不怕管理这么多人，却担心自己缺乏独特的时尚风格。在那段时间里，我不知怎样才能穿得时尚而专业，人们有时就会对我产生错误的印象。谁能帮我呢？对了，为什么不请教《时尚》（*Vogue*）杂志的编辑呢？我不知道时尚编辑能否帮上我这个忙，但我觉得问一问也没有坏处。

幸运的是，我在《十七岁》杂志社实习时结交了一些时尚界的朋友。通过他们，我认识了一位年轻的非裔女性，她曾担任《时尚》杂志的编辑。她接受了这个挑战，为我设计形象。我以前常常穿花哨的衣服，上面有很多让人眼花缭乱的图案和杂七杂八的小装饰。我希望穿得像个重要人物，然而效果反而更浮夸。她告诉我，我应该穿得素净一些，因为我的性格已够活跃了。她为我精心搭配出美丽迷人的色彩，为我设计了新造型。她为我买该穿的衣服，还为我写了本小手册，指导我每周的每一天应该穿什么衣服，搭配什么饰品。我顿时如释重负。我向她学习穿搭技巧，遵循手册上的建议，直到我不需要它为止。最重要的是，我再也不用担心自己的穿着是否得体了。我知道，我看起来棒极了。我尽可以一心扑在工作上。聘请她比自己去店里买衣服划算多了，因为我所有的衣服都是她用批发价买的！

现在，大多数百货公司都有一个私人购物部门，只要你在那里买衣服，就会有专业的导购来免费帮你搭配，教你提升衣品。你没必要非得认识个《时尚》杂志的编辑，但你的确需要找到可用的资源，并充分利用起来。你值得拥有。

练习

像投资人一样去做

我把模仿自己欣赏的人称为"像投资人一样去做"。为了向导师们学习，变得像他们一样干劲十足、自信满满，你应问问自己以下这些问题，列个名单：

·你欣赏谁？（可以是你认识的人，可以是名人，也可以是你远远地仰慕的人。）

·哪五位女性或男性身上有你最想效仿的特质？为什么？

·你认识的所有人中，谁最勇敢？

·谁和别人说话时既有礼貌又有底气？

·你该怎样学习这些底气十足的人，以他们为榜样来塑造自己？

你可以把自己当作一张白纸，在上面描绘理想中的自己。你可以把自己欣赏的人的照片从杂志上剪下来，写下你欣赏她们的那些方面。你希望自己看起来是怎样的，说话时给人怎样的感觉？你想怎样掌控自己的人生？然后，你可以把频频出现的词句圈出来，让它们汇作一条主线，让你知道自己缺乏哪些特质。把你的主线记下来吧。

名单上有没有人集中体现了这些特质？如果有，那就把这些人当作你理想的导师吧。每当你陷入困境时，不妨问问自己，他们会怎么做？他们会不好意思要求收取服务费吗？他们做陈述展示时会如何着装？想想自己会问导师哪些问题，再想象一下他们会怎样回答你。

投资自己之路
普琳西丝·詹金斯（Princess Jenkins）的故事

普琳西丝·詹金斯原是个"假小子"。她在纽约的布朗克斯区（Bronx）长大，对服装的面料和设计很感兴趣。小时候，别的孩子都在玩耍，她却喜欢坐在家门口的平台上画各种各样的衣服。随后，她开始重新设计自己的衣服，运用刺绣和钩编技术，让自己的衣服与众不同。13岁那年，她去多弗电影院（Dover Theater）看电影《桃花心木》（*Mahogany*）。黛安娜·罗斯（Diana Ross）在影片中扮演一名雄心勃勃的设计师，努力学习时装设计，最终功成名就。从那一刻起，普琳西丝就知道自己也想成为服装设计师。她改变了以前的假小子性格，处处模仿《桃花心木》里的黛安娜·罗斯。

上高中时，普琳西丝赶上了一个由纽约市教育局（New York City Board of Education）赞助的实习项目。该项目选拔出一些高中和大学的毕业班学生，让他们停课4个月去实习，在实践中积累工作经验。普琳西丝申请了这个项目，请求跟着一位设计师实习。项目组本想安排她去一个舞蹈工作室实习，因为她跳舞跳得很好，但她坚持己见。普琳西丝告诉项目组，看完电影《桃花心木》后，她只对时尚行业感兴趣，只想在这个领域实习。最后，项目组让她跟着一名运动装设计师薇拉·马克斯韦尔（Vera Maxwell）实习。

普琳西丝在薇拉的工作室实习了3年多，从最基本的跑腿打杂做起。她每周免费工作五天，上班从不迟到，确保自己扎扎实实地学到了东西，并与工作室里的其他人建立起信任。最后，薇拉把普琳西丝调到陈列室做有偿的工作，让她负责管理所有时装秀的配饰。在这段时间里，普琳西丝在时尚行业积累了广泛的人脉，这对她今后的事业大有裨益。

如今，普琳西丝是纽约哈莱姆区（Harlem）一家女装精品店——"褐石屋"（Brownstone）的店主。早间新闻广播节目《早安纽约》（*Good Day New York*）和《早安美国》（*Good Morning America*）都报道过这家店。普琳西丝已是一名成功的店主，她还想完成一项对自己而言很重要的使命。1998年，她在哈莱姆区成立了"黑人女性（Women in the Black）"组织。这是一个创业型组织，旨在为自主创业的女性提供教育、培训和支持。自从褐石屋开张以来，普琳西丝已为2500多名女性创业者提供过建议、支持和帮助。

第一步

17岁那年,我即将结束在《十七岁》杂志社的实习,进入大学学习,没想到电视制片人艾达·巴雷拉突然联系上了我。她知道我在杂志社做过什么工作。当时,她正在推出一档名叫《看一看》(Checking It Out)的电视节目,可以说是电视节目《60分钟》(*60 Minutes*)的青少年版。她邀请我加入她的团队做调研工作。可是,除了要去上大学外,我还面临着一个问题:节目的制作地点在得克萨斯州(Texas)的首府奥斯汀(Austin)。如果抓住这个机会,我就能从电视行业中、从我的榜样艾达身上窥见我的未来。无论如何,我都要抓住这个机会!我找母亲商量,她却说:"亲爱的,我的天哪,你可别去!我不会让你去得克萨斯州的!你才17岁呢!"可在我看来,这是个不容错过的好机会。

"妈妈,我都快18岁了。"我说,"即使你不让我去,我自己也要去。"

我离家那天,母亲哭得歇斯底里。我把行李收拾好,放进自己那辆橙色的雪佛兰科尔维特(Chevy Chevette)小车,自己开车穿过半个美国,来到得克萨斯州。容我解释一下:一般来说,拉美人不会像我这样离开家。我把自己放在第一位,把自己的需求置于家庭的需求之前,或者说看上去是这样的。我知道,我不会在新泽西州的蒂内克镇发展,这是命中注定的事实。那里没有我想要的生活。我知道,我必须作出重大的改变。

"你就这样离开了我，我永远都不会原谅你。"母亲对我说。天哪，听到这句话，我真难过。于她而言，我是她的女儿，也是她的翻译，她的闺蜜。即便知道这一切，我当时也没法完全理解，自己的离去会给她造成多大的打击。直到我自己做了母亲，我才真正明白。

有时候我会想，如果当年没离开蒂内克镇，我的生活会是怎样一番模样？时至今日，母亲终于承认，虽然我当时的离去让她很难接受，但我的选择是正确的。她想让我留下来陪她，因为她害怕。但我离开之后，她开始考虑回校深造，学习开车，最终，这两件事情她都做到了。当时，我自作主张离开父母和家乡，独自外出闯荡，看上去似乎很自私；然而事实证明，我的选择能带给家人更大的好处。正因为我当年离开家乡去做那份工作，我的父母如今才过上了好得出乎意料的退休生活。所以，让我问问你：我当时真的很自私吗？正如乘飞机时，他们会让你自己先戴上氧气面罩。要想成为最好的自己——为了你的父母、子女和伴侣，你就应该首先选中自己，优先照顾自己。

所以，我希望你能做到以下事情：迈出你的小圈子。写信给你想认识的人。上网写写博客和别的文章，发出你的声音，表达你的想法。宣告你的意图。告诉这个世界你是谁。敢于承担风险，就算知道不一定每次冒险都能成功，也要去做，因为你需要不断地锻炼自己，才能慢慢变得勇敢。不要坐等天上掉馅饼。先选中你自己，做一名斗士吧！要让别人知道，你值得被选中。

《我是》

选中自己事关自我认同。在别人彻底了解你之前，你得知道自己是谁。

返校学习心理学时，老师给我们布置过一次作业，让我们写一首关于自己的诗，题为《我是》。以下是我的作品：

我穿行在生命的走廊，

回顾过往，

从来不关注他人的方向，

却总在迎合别人的目光。

外界的改变，无法左右我的生活，

影响时代的改变，由我自己创造。

有时我赢了，其实却输了。

有时我输了，反而还赢了。

我所讲的故事，只有我才能讲，

我与恐惧、失败为友，不断地成长。

我是一只天鹅，

却无法证明自己，

于是，我将过往一一埋葬。

要想成为自己，

需要的时间很长。

直到如今，

我终于活成自己想要的模样。

我是内莉，我投资自己。

　　我想请你再做一个练习。请你以"我是……"为开头，写一首关于你自己的诗，在结尾处写你是谁，并写下你的投资自己宣言。欢迎在 becomingSELFMADE.com 上与我们分享你的作品，我们迫不及待。

主动获取力量，别被动等待

人生像一场拼图游戏，慢慢拼，你才能看到全景。每当我们走到岔路口时，选择任何一个方向都会改变我们整个人生的轨迹。一段时间后，如果幸运的话，我们就会回顾那些决定性的时刻，是它们让我们成为了现在的自己，还让我们知道自己将来可以何去何从。每当我回顾生命中的重要时刻时，我都会想到自己做雅芳销售员的经历，那是我第一次尝到自食其力的甜头；我也会想到自己被指责抄袭的经历，它教会我为自己发声；我还会想到一个重要的时刻，当时，我第一次明白掌握自己的职业生涯究竟意味着什么。

22岁那年，我成了WNJU电视台的经理。WNJU电视台是一家小型的西班牙语电视台，位于新泽西州的泰特波罗（Teterboro），受众是1000万名住在纽约的拉美人。我在电视行业干了5年，曾在全国多个城市工作，终于找到了自己热爱的工作。我以前一直是条大池塘里的小鱼，现在成了一条小池塘里的大鱼。这份工作成了我的全部，令我激动不已。我感觉自己每天都在学习，都在成长。我在为我的拉美同胞策划节目。我和广告主碰面，多次开展合作，感到兴奋极了。我学着用别人的钱经营企业。

《纽约每日新闻》（*The New York Daily News*）报甚至发布了一篇关于 WNJU 的报道，把它称为"本城之宝"，并称我为"古巴导弹"电视台经理——我是全国最年轻的电视台经理。虽说我一天 24 小时都在工作，没有闲暇生活，我依然觉得自己幸福得像是上了天堂，因为我非常热爱我的工作。

当了 3 年经理后，某天早晨我来上班，发现台里一位白发苍苍的律师坐在我的办公室前。显示屏上放着爱情肥皂剧，调成了静音，我想知道自己是不是做错了什么。律师跟我打招呼，陪我走进我的办公室，关上门，高兴地朝我宣布："我们把电视台卖给一家保险公司了，做了一笔很大的交易。是不是很棒呢？"他兴致勃勃，滔滔不绝，我却听得心不在焉。

我无言以对，心想："这对我是件好事吗？怎么可能？"于是我跑到洗手间呕吐起来。我心中焦虑不已，只是想着："接下来会怎样？我就要失业了！"

我的恐惧很快变成了愤怒。老板怎么能不跟我说一声就把公司卖了？我可是团队的一员！我是公司的一员！

我一时冲动，跑出办公大楼，驱车去找老板对质。我一路上边开边哭，穿过乔治·华盛顿大桥（George Washington Bridge）进入曼哈顿，来到位于公园大道（Park Avenue）的公司总部。我乘电梯上了14楼，从老板的助手身边挤过去，气冲冲地走进他的办公室。我发现，可怕的老板正在打电话，高高兴兴地和对方谈论出售公司一事。我脱口而出："你怎么能这样对我？为什么不告诉我？"然后我哽咽了，哭了出来。我真是走了一步烂棋啊。

他抬起手，朝我轻轻一推，做了个停止的手势，让我安静下来。"小姑娘。"他说，"那是我们的事，你也想掺和吗？去做你自己的事吧。"

我受到了毁灭性的打击。那一刻，我恨死他了。"真是个混蛋！"我边走边想，感到特别丢脸，觉得自己像个傻不拉叽的小女孩。"去做你自己的事"？为了这份工作，我牺牲了3年时间，从没有约过会，晚上从没去看过电影……我像只勤劳的小蜜蜂，每天除了工作顾不上忙别的，还引以为荣。

冷静下来后我才意识到，这家伙刚才帮了我一个大忙，给我上了重要的一课。在那之前，我被旧观念束缚，总觉得自己只能做别人的员工；而在转瞬之间，一盏灯亮了起来，我意识到自己应拓宽思路。我应该像老板一样思考。

3年来，我一直满足于埋头苦干，为老板打理生意。我从不曾想过自己心仪的工作会突然消失，也不曾想过老板不会照顾我。我决定，我再也不要失去自己曾为之努力奋斗的一切，再也不会让类似的事情发生在我身上。此时此地，我决定做自己的老板，自己创业。我的口号是："去做你自己的事吧！"

缩减日常开支

我从失业的打击中恢复后，觉得自主创业的前景还挺光明的，内心激动不已。我的生存本能起到了作用。你应该记得，我一直拥有投资自己的思维方式。我一直都在存钱，幸运的是，我离开WNJU时收到了一大笔补偿，相当于一年的薪水，还补给我一台公司的汽车。记得有一次，WNJU的老板对我说："我像你这么大的时候，每天都在缩减日常开支，用于自主创业。"因此，我仔细地审查了自己的财务状况，想办法缩减开支，获得现金，投入创业。

我住在纽约，交通很便利，还要用什么车呢？所以我卖掉了它。我搬出了曼哈顿上西区（Upper West Side）①的高档公寓，搬进了纽约东村（East Village）的一家公寓。公寓位于四楼，没有电梯，楼下是一家叫麦克索利（McSorley）的酒吧。这家公寓虽小，但每月的房租只要300美元。20世纪80年代末，东村是整个纽约的朋克中心，聚集了许多艺术家和有趣的人。对于我一个20多岁的单身女孩来说，这个地方尽管有点儿危险，却令我激动不已，充满活力。不过呢，我的父母都吓坏了。

---

① 上西区：位于美国纽约曼哈顿，坐落在美国最著名的华尔街畔，是纽约人引以为豪的艺术圣地，蕴含着浓厚的人文氛围。——译注

去做
你自己的
事吧！

在接下来的 4 年里，我的公司一分钱都没赚到。我没骗你，我真的一分钱都没赚到。我到处奔走，希望别的电视台和电视网能购买我的创意，然而无人问津。但我依然不会放弃。为什么呢？因为前任老板跟我说过的另一件事给我留下了深刻印象："我像你这么大的时候就开始创业，但花了 10 年的时间才赚到钱。""那么，"我想，"我才进入第四年呢。"我也有我的骄傲和倔强，相信自己在做自己真心想做的事。

与此同时，我也做着另一份工作。我为 CBS 在费城的一家分支机构做特约记者，也就是自由制作人，我的另一位前任老板当时就在那里工作。我为他们制作可以插入新闻的片段。我有这份工作的薪水，有以前的积蓄，又缩减了日常开销，总算能马马虎虎地过日子了。

要倾听自己内心的声音，但也要乐意接纳别人的金玉良言

父母都认为我疯了。母亲给我打电话，说："亲爱的，你越来越憔悴了。你应该找个丈夫。为什么不找份工作呢？所有人都在为你物色工作，你却老是拒绝。"但我没听她的话。东村是个充满创造力的地方，我所有的朋友都想把自己的天赋用到事业上。他们有的是音乐家，有的是作家，还有的是剧作家。我的生活多姿多彩，充满活力，但我内心深处觉得自己很失败。

我不得不承认，我尚未实现自己创业的梦想。为此，我会与上

帝争吵，带着怒气祈祷。我会问他："上帝啊，你能丢块骨头给我吃吗？我是个这么好的姑娘，你为什么不帮帮我？你只用给我一点小生意做就行了，可以吗？一点点就好，不管是什么，我会把它当成你给我的指示！"

我终于得到了上帝的指示。我的一个好友康塞普西翁·拉腊（Concepción Lara）成了HBO电视网的高管，然后联系上我。我终于在对的时间来到了对的地点。HBO准备进军拉美市场，需要一个了解拉美市场的人来指导他们。我恰恰就是他们需要的人。

几个月后，ESPN①国际的主管伯纳德·斯图尔德（Bernard Stewart）找上了我。他听说我在HBO工作，想把我挖过去，帮ESPN打开拉美市场。他希望我用西班牙语制作所有的广告片和彩色报道（color commentary）。我说："其他方面都好说，只有一个问题：我不喜欢体育。我对体育一无所知。"

"内莉，这可是一笔大生意啊。"伯纳德说，"我会假装刚才什么都没有听见。你为什么不先找个体育老师辅导你一个月，像学一门语言一样，尽己所能去学习体育术语呢？先去学一学，再回来和我们签约吧。"这个建议真不错，于是我照做了。我记住了许多体育术语，然后回来找他签合同。ESPN在康涅狄格州（Connecticut）给我安排了一间办公室。我开始创建一个频道，ESPN给我开出了不错的薪水。我依然没有创业成功，但我非常高兴，因为我正在赚

---

① ESPN（英文：Entertainment and Sports Programming Network，即娱乐与体育节目电视网，一般简称ESPN）是一间24小时专门播放体育节目的美国有线电视联播网。——译注

钱，正在进步。

后来，康塞普西翁从 HBO 跳槽去了福克斯，告诉那里的同事我曾在 HBO 工作，目前就职于 ESPN。不久之后，我接到了一个电话，原来是福克斯的新主人鲁伯特·默多克（Rupert Murdoch），约我见上一面。他刚刚从澳大利亚来到好莱坞。我飞往洛杉矶见他，他告诉我，自己打算把福克斯电视网推广到全世界。

"我希望你能帮我们在拉丁美洲推出所有的福克斯频道。这需要你在福克斯全职工作。"

我不假思索地答道："我不想做。我真正想做的事，是给这些频道制作电视节目。我想成为电视节目制作人。"他想让我用别人的内容制作广告片和营销资料，而不是自己的。

"你错了。"他说。我惊呆了。他接着说："销售先于内容。如果你真想成为内容领域的资深专家，就应成为这些频道的关键人物之一。"

我呆呆地坐在那里，觉得自己笨极了。他试图告诉我，要先学会走，再去学飞。每个人都想制作电视节目，但我需要先从基本的工作做起，才能证明自己。这就是他提供给我的工作，虽然并不性感，却能让我收获良多。

4 年来，我的事业一直停滞不前，没能取得进展。我没有意识到自己的经营模式出了问题。然后，一位真正的内行——默多克对我详细说明了这一点，重要的是，我也听了他的话。他成了我的导师。我知道，他是对的，我需要调整自己的方法。这在商界叫作"调整方向"（pivoting）。一家新企业如果没经历这个阶段就发展壮大，基本是不可能的。我们现在知道，在数字化时代，我们需要多次调整才能找到正确方法，才能让一切顺利进行，否则几乎不可能成功。

我接受了默多克的提议。不过，我没有加入福克斯，成为其内部员工，而是与福克斯达成协议，让它把业务外包给我的公司。这与我和 ESPN 的合作类似，但是这笔生意更大。我哪来这样的胆量呢？我是怎样谈下这笔交易的？从前的古巴小移民内莉肯定做不到，但当时的我能够做到，因为我选中了自己，像别人一样行事，从而越发自信。我当时想道："此时若换作我在 WNJU 的老板，那么他会怎么做呢？"然后我就按他的方式谈成了这笔生意。

福克斯成了我最大的客户。与此同时，我还在为 ESPN 和 HBO 工作。1994 年，我正式成立了加兰娱乐公司（Galán Entertainment），突然需要雇佣很多员工。我有三个主要客户，分布于东西海岸。我从纽约搬到了洛杉矶。这些年来，我的事业原本一直停滞不前，但当时突然大获成功。当你有了著名客户后，其他人就会纷纷打电话找你。我工作起来特别卖力，都记不清接下来的 4 年里发生了什么事情。我常常出差，在拉丁美洲花的时间比在美国还要多。这种生活状态虽然听起来很吸引人，但我向你保证，其实没有那么美好。我经常要四处奔波。我保持着原来的生活方式，依然不去追求奢华的生活。我和一个女性朋友在洛杉矶合租了一套公寓，我把赚到的每一分钱都投到了房地产上。我们稍后再进一步探讨这个话题。

投资自己之路
乔伊·曼加诺（Joy Mangano）的故事

乔伊·曼加诺的名字源于风靡一时的电影《乔伊》。她从小就喜欢解决问题。她大学时学了会计专业，毕业后离了婚，一个人带着三个孩子，要靠做服务员和航空公司的订票经理来养家糊口。她想把家里收拾得整整齐齐，却发现普通的拖把又脏又乱，感到沮丧极了。她看到了这个明显的问题，随后找到了解决办法——她发明了能够自动拧水的"魔术拖把"。

乔伊把自己的积蓄和家人朋友的投资合在一起用作本金，制造出魔术拖把的样品，并做了 100 个。她在纽约长岛的展销会上出售自己的产品，最终把 1000 个拖把卖给了 QVC 公司，托 QVC 为她代售。魔术拖把一开始卖得不太好，但乔伊知道自己还能卖出更多；没有人比她更清楚该怎样销售魔术拖把。她说服 QVC 公司让她上电视，亲自对观众推销，还不到半个小时，她就卖出了 18000 个魔术拖把。后来，她成了 QVC 公司最成功的发明家和卖方之一，如今以自己的名义建立了一个商业帝国。

"害怕错过"固然磨人，可它也是投资自己之旅的一部分

事实上，等你踏上投资自己之旅后，就会错过很多派对和快乐的时光。当别人都出去吃饭时，你却要一直工作到深夜。你要承担起双重责任——既要做好本职工作，又要利用假期时间发展副业，而别人却在开开心心地度假。你一心扑在工作上，朋友和家人却不理解你，于是你就会怀疑自己："难道这就是我想要的一切吗？我这么努力，但什么时候才会有回报呢？我什么时候才能出去玩呢？"你会害怕错过。

别灰心。我向你保证，不论身在何处，你都会感到快乐，因为你一直都在工作，在创造。请问问自己："我是想终其一生观望别人的生活呢，还是想成为别人关注的对象呢？"好好想想这个问题吧。

我花了 4 年时间寻找门路，埋头苦干，总算拥有了自己的事业。然而统计数据显示，大多数女性在创业的第二年就放弃了。我想提高女性创业的成功率，这是我与他人分享自己经验的动力。创业成功并不容易，但我一点也不后悔。

创业之前，先问问自己以下问题

1. 你有足够的存款吗？

开始创业后，你会经历一段收入很少、甚至没有收入的艰难时期。若想坚持下去直到创业成功，你需要有足够的经济实力做后盾，直到你预见自己能投入足够的资金来维持企业运营。我建议你把收入存起来，至少存整整一年的收入，最好是两年的收入。是的，你可以做到！

2. 你能缩减日常开支吗？

你是否把太多钱花在了租房上？你能和亲戚或朋友住在一起吗？你能不用汽车过活吗？你真的需要在健身房办昂贵的会员卡吗？你能自己在家做饭，不去高档餐馆消费吗？

3. 你能收敛自己的自尊心吗？你能做到不怕被人拒绝吗？

我不怕使用自己的人脉。我收敛了自己过强的自尊心，但不是每次都能轻松做到。记住，如果你自信、坚定，那么什么都不会失去；相反，如果你被动、胆怯，那么什么都得不到。即使你没能做成想做的事，也会因为勇于追梦而受人尊重。

4. 你有别的经济支持吗？

我擅长写新闻报告，因此能一边创业，一边做自由记者赚钱。

我匿名做这门副业，最重要的是，它不会干扰我的主业。事实上，你的副业还能帮你建立新的人脉，获得新的技能。

5. 若有需要，你能调整并改变方向吗？

与鲁伯特·默多克交谈后，我心悦诚服。他的确知道得比我多。如果今天让我再来一次，我会聘请一位专业人士帮我修改商业计划书。学会调整目标将大有裨益。在职业生涯中，或许你该多次调整方向。

6. 你有哪些竞争优势？

我会说西班牙语，这是我的一项长处；我还经营着一家电视台，这两点在当时成了我独一无二的竞争优势，因为电视圈里没有多少人同时精通英语和西班牙语。那么，你有什么独特之处呢？你该怎样挖掘自身的特点，使之成为你的竞争优势呢？

7. 你会灵活对待生活或工作吗？

当新行业或新市场出现时，你是否愿意把握机会，搬到另一座城市去呢？

8. 你愿意为梦想作出一定的牺牲吗？

在创业的前4年里，我一件新衣服都没买过，平时就换着穿4套基本的制服（在天主教女校学习期间，我爱上了穿制服）。我从不花钱去旅游，从不买汽车和珠宝，因为它们太贵了。这就是我作出的牺牲。请记住，当你努力追求梦想时，就该把个人生活摆在第二位。

9. 你做好了长期奋斗的准备吗?

我花了 4 年时间，才让公司兴旺起来。我夙夜不懈，永不言弃。我遇到过很多挫折，却从不灰心，永不放弃。我对自己的事业怀有坚定的信念，这促使我不断向前。一路上，你会遇到需要克服的障碍，遇到阻碍你的人，甚至遇到无法预见的情况，让你陷入低谷。但你得事先做好准备，才能渡过难关（见问题 1）。你对自己的目标应该有非常坚定的信念，才能支撑你守得云开见月明。

选择一位导师

我这辈子有过多位导师，但我未问过他们是否愿意做我的导师。说实话，一个事业有成、身居要职的人很可能没时间指导我，所以不必费心去问。我花了一段时间才明白，其实我事先不需要获得他们的许可。我尽可以选择自己想要的导师，观察他们的为人处世之道，处处模仿他们，学习他们。

沃伦·巴菲特（Warren Buffett）是我的一位导师，尽管我从未见过他。他是美国的顶级富豪之一，还非常踏实低调。他虽富甲一方，却从不张扬，甚至没有私人游艇和私人飞机。我相信，他肯定有很多好东西，也过着很舒适的生活，但他不追求个人享乐，而是把财富用于更高远的目标。我读了他的每一篇作品，看了他接受的每一次采访，把他视为自己的导师。

苏茜·欧曼是我的另一位导师。与她相识之前，我早就把她当成导师了。是她让我意识到金钱的力量，这一点于我而言非常重要。我读了她写的每一本书，看了她参加的每一期电视节目，还参加了她举办的讲座。我是一名演讲人，如今也是一名作家。我深受她的鼓舞，追随着她的脚步，并将自己的文化背景和她的教诲结合起来，形成了自己独特的理念。

如果你在工作中遇到了能激励你的人，并希望他（她）成为你的导师，你可以主动请他（她）帮忙。你可以特地在办公室待到很晚，然后主动与他（她）交谈，抓住和他（她）相处的机会，认真听他（她）说话，观察他（她）在不同的情况下会怎样做。像海绵一样吸收他（她）的优点吧。

有很多人可以供你选择，成为你的导师，比如你的家人、同事、社交媒体上的好友。如果一个人能给你参考和建议，助你成为理想中的自己，他（她）就能成为你的导师。你应该挑战自己，并询问自己：我怎样才能把导师的知识融入自己的行为和思想呢？他们会说什么？他们会做什么？过不了多久，你就能与自己的榜样们并肩前行。终有一日，你能靠自己到达一个新的平台，找到自己的声音。从那时起，你就能做别人的导师啦！

你是想

终其一生

观望

别人的生活呢，

还是想

成为别人

关注的对象呢？

痛苦中蕴含投资机遇

我是墨西哥裔女作家桑德拉·西斯内罗丝（Sandra Cisneros）的铁杆粉丝。她最广为人知的成就可能是经典小说《芒果街上的小屋》（*The House on Mango Street*）。同时，她也是一名获奖诗人、小说家和创意写作教师，曾获有"天才奖"美誉的麦克阿瑟奖（MacArthur Fellowship）。在我看来，她书写的一切主题都源自灵魂深处，她的语言原始质朴，感情丰富，燃烧着炽热的真理。几年前，我们成了朋友，她鼓励我参加她举办的一次写作讨论会。她认为我是一个有影响力的拉美人，能为自己的群体发声，所以我应想办法通过写作来表达自己。

"我该怎样描写自己不愿提及的痛苦往事呢？"一次，我这样问她。

"你要在痛苦中寻找答案。"她回答。

我永远忘不了那一刻。她的意思是，如果你想写出真正优秀的作品，想写出引起人们普遍共鸣的作品，你就得提及自己最难以启齿的过往。你应该从可怕得让你想逃避的地方写起，只有在那里，你才会找到真正的答案。你若能直面内心，剖析自我，你的作品定然会引发他人的共鸣。

佩玛·丘卓（Pema Chödrön）是一名美国佛教徒，我非常羡慕她从事的工作。她擅长描述人与痛苦的关系，在这个领域极具影响力。她在《当生命陷落时》（*When Things Fall Apart*）一书中告诉我们，不论我们是否愿意，痛苦都会来临，我们无法避免，甚至一生都无法摆脱。但她相信，我们恰恰要从痛苦中找到自己一生真正的使命。

我相信，痛苦是成长的必经之途。我们或许想尽己所能地逃避痛苦，消除痛苦，或者保护我们的子女免遭痛苦，但其实我们应学会和痛苦相处。我们都知道，当痛苦来临时，一切都糟糕极了；但我们也应明白，痛苦也能孕育出很棒的事业，这一点至关重要。

回顾自己的职业生涯，我发现自己最大的成就都诞生于那些最艰难、最痛苦的经历。我从小就明白身为移民的痛苦，明白一个移民家庭要在新的文化背景下好好生活是多么不易。但我把痛苦变成了自己的专长。我在拉美电视市场上找到了一席之地，在拉丁美洲推出了 10 个美国的电视频道，为拉美市场翻译这些频道的内容和宣传理念，这让我获得了德莱门多的工作机会。随后，我转而制作了数百场电视节目，主要关注拉美裔和其他族裔移民及其后代在美国的故事。

后来，我为福克斯电视台推出了一档真人秀节目，名为《天鹅选美》（*The Swan*）。在那段时间里，我再一次尝到了痛苦的滋味。我与儿子的父亲分手了，从此陷入低谷。我成了一名单身母亲，觉得自己生完孩子后又胖又丑，感到非常孤独。不过呢，我选择直面自己的痛苦，并借此与其他女性建立起联系。女性观众收看我推出的《天鹅选美》，见证着参赛选手们从丑小鸭一步步蜕变为白天鹅，于是不再像以前一样感到孤单，感到自己是丑小鸭了。

作为一名女性创业者，我在创业过程中也尝到了痛苦的滋味。比如，我得学会按自己的方法做事；在这个由男性主导的行业里，我得努力奋斗才能受人尊重；我还得学会接受现实，克服困难，懂得创业中无法避免恐惧和失败。创业从来都不容易，但我从痛苦中找到了自己的使命，那就是通过创业给更多的女性带来力量。试想一下，如果我没有勇气直面痛苦，一切又会怎样？所以我才说，你不能逃避痛苦，而应该直面痛苦。

我们都在与恐惧作斗争，与自己内心的恶魔作斗争。我们都想逃避痛苦，甚至否认它的存在，这都是人的天性。然而，没有人能真正避免痛苦。痛苦是人类的必经之旅，是它把我们紧紧相连。我们女人对待痛苦的态度与男人不同，我认为这是我们的一大优势，因为我们不介意谈论自己的痛苦经历，而男人就不同了。我们不怕承受痛苦，也不怕和别人分享自己的故事。但我发现，男人比我们更难正视痛苦，这是他们从小受到的教育、人们社交的方式共同导致的。根据我的经验，当男人遭遇改变一生的痛苦时，比如生病、失恋、戒瘾时，他们往往会选择忍耐、克制，会把痛苦生生地压制下去，因为我们的传统文化不鼓励男人表现出脆弱的一面。

对于女性创业者而言，痛苦反而是她们的巨大优势。我常常在自己举办的活动中告诉别的女人："痛苦中蕴含投资机遇。"我可以把每个女人的伤心事变成创业的动机。很多女性告诉我的第一件事，就是阻碍她们实现目标的伤心事，比如："我的丈夫离开了我，我现在得靠自己养活全家人。""我身体上受到了虐待。""我精神上受到了虐待。""我失业了。""我丈夫失业了。""我的孩子有残疾。""我讨厌自己的工作，可是没办法，我得照顾父母。""我出了事，一年都没法工作，如今债务缠身。"这些伤心事阻碍了她们前行的脚步。（据我观察，男人的表现截然不同，他们宁可假装这些伤心事从未发生。）我对这些女人说："亲爱的，我们都有伤心事。"这很正常嘛！

"是的，"她们回答，"但你还没听说过我的伤心事呢。"

"嗯，我保证，"我告诉她们，"不管你们有什么样的伤心事，我都能从中找到投资机遇。"

我知道，这听起来或许有点奇怪，不符合我们的直觉，但它是千真万确的。痛苦能帮你开启创业之门，带领你走向成功。无论你经历过什么，你都能从痛苦中找到机遇，自己创业，因为你有切身的体会，而且你不是唯一一个有痛苦经历的人。当你把痛苦转变为机遇时，你就能用自己的经验去解决问题，而且能让别人从中受益。

我鼓励这些女性行动起来，解决由痛苦造成的问题，然后找到面临着同样问题的人。以下是几个实例：

例1：

有一个女人父母失聪，她得花很多时间帮父母和外界沟通，觉得没时间发展自己的事业。我告诉她，她可以为失聪者提供翻译服务，并将此作为自己的事业。她照做了！

例2：

我在前进运动的某场活动中认识了一个女人，她缺了一条腿，也没钱安装合适的假肢。我鼓励她发起一场"起动"（Kickstarter）活动，筹集资金安装合适的假肢，她照做了。然后，她意识到这就是她应该发起的事业：帮拉美人寻找合适的假肢货源。

例3：

我还认识了一位"追梦人"①（Dreamer）。这个孩子出生于美国，父母都是非法移民。他建立了一个博客，帮助其他追梦人了解自己享有的权利，了解该怎样获得暂缓遣返令（Deferred Action for Childhood Arrivals）的保护，获得合法身份和工作许可。一些支持追梦人的组织给该博客提供赞助，帮助博主创收。

---

① "追梦人"（Dreamer）：指符合"梦想法案"规定的美国非法移民。"梦想法案（The Dream Act）"全称为"发展、援助和教育年轻移民法案"（Development, Relief, and Education for Alien Minors Act），每个单词的首字母合起来恰好是"Dream（梦想）"一词。——译注

受人歧视的痛苦

7岁那年的某一天，我哭着从学校回家，因为有个男生叫我"说西语的拉美佬（spic，指在美国讲西班牙语的人，是个贬义词）"。我不知道这个称呼具体是什么意思，但我知道它肯定不是什么好话，是说出来伤害我的。我把这件事告诉了母亲。

"哦，真可惜啊，那个小男孩太无知了。"她说。我也不清楚"无知"是什么意思，但我知道它不是个褒义词。母亲说："你来自一个美丽的国家，会说两门语言。你集二者的精华于一身，因为你既是美国人，又是拉美人。"

在最极端的时候，似乎我每参加一个活动，都会有人问我是否在职场上受过歧视。我当然受过歧视，但我从不会任它妨碍我迈向成功之路。于我而言，我的双重背景至关重要：它是我成功的原因，是我观察世界的窗户，是我独有的优势，是我事业的基石。如果你是有色人种或者少数族裔女性，你一定能明白我所说的一切。受人歧视固然让我们痛苦，但重要的是我们该怎样对待这种痛苦。我选择把痛苦作为自己前行的动力。

然后，我提醒自己：正如母亲所言，歧视我们的人真是太无知了！

以创业者的方式看待痛苦

如果你以创业者的方式看待这个世界，你就会发现，从痛苦中寻找机遇并没有听起来那么难。那么，一项成功的事业需要哪些因素呢？以下几点至关重要，值得考虑：

第一，你要在市场上找到一个空白点。总会有个主题让你比较敏感，而缺乏类似经历的人不会像你一样敏感，或许你就能从中找到机会。是什么样的经历造就了现在的你，让你变得独一无二？其他人缺乏什么？我开始制作拉美电视节目时，刚好从 HBO 辞职不久。我在 HBO 学到了一点：如果要讲故事，就讲只有自己能讲的故事。我问自己："什么样的故事只有我能在德莱门多讲，而 ABC 没人能讲呢？"比如，一个古巴女人嫁给了墨西哥男人，两家人发生了许多文化冲突，这一类故事只有我才能讲述，因为主流电视网甚至不知道古巴家庭和墨西哥家庭有什么区别。但因为我自己有过亲身经历，我就能讲述这样的故事。

第二，你要弄清楚哪些人与你有类似的痛苦，需要你的帮助。你不是世上唯一一个经历过这种痛苦的人，与你有过类似经历的人需要你和他们分享信息，需要你支持他们。你该怎样通过创业来帮助他们、满足他们的需求呢？比如，你是帮不会说英语的病人找到会说双语的医生，还是为有工作的单身母亲提供能够负担的托儿服务？

第三，你要创造一个你自己最能代表的品牌。在德莱门多工作时，我给观众讲述移民及其后裔的故事。我亲身体会过他们的痛苦，所以我做的节目都很真实。同理，我现在做的品牌也是如此。我是个经济独立的女人，这在营销产品、推广个人理念时是个很大的优势。当你从痛苦中寻找机遇、自主创业时，你自会对它充满热情。遇到困难时，你会从新的角度思考，想办法解决问题，坚持下去，因为你的理念和事业凝聚了全部的心血。这能为一切品牌带来巨大的附加值，也是成功的必备因素。

投资自己之路

阿黛尔·霍罗威茨（Adele Horowitz）的故事

阿黛尔·霍罗威茨从小就学着帮别人打理生意，其中包括她父亲在曼哈顿开的相机公司。小时候，父亲常常对她说："有朝一日，你会成为一个优秀的秘书。"阿黛尔却坚持说："不，爸爸，我只想接管你的生意。"几年后，阿黛尔遇到了一个需要解决的问题，这时才真正激发出创业的动力。

阿黛尔的女儿头上长了虱子，所以被学校送回了家。作为一名年轻的母亲，阿黛尔惊呆了。为了消灭虱子，人们通常会用富含刺激性化学物质的洗发水给孩子洗头。但阿黛尔怕这种洗发水有毒，对孩子有害，于是上网寻求帮助。通过大量的研究和整个夏天的试验，她终于找到了一种纯天然、效果好的灭虱方法，简单易用，十分安全。

这次痛苦的经历让阿黛尔发现，用安全的方法为孩子消灭头虱是很多人的需求。于是，她创立了个人品牌"灭虱灵"（Licenders）。她在曼哈顿开了一家美发沙龙，使用加热工具和自己配制的纯天然含酶洗发水。她也在网上卖这种洗发水。2001 年，她找 "算我一个"申请了一笔 4000 美元的小额贷款，后来很快就还清了。她与一些学校签订了合同，在假期结束时负责检查返校的学生是否长了头虱。媒体频频报道她的事迹，越来越多的客户向别人推荐她的品牌。2011 年，她在纽约地区又开了 6 家"灭虱灵"美发沙龙。与此同时，她也把电子商务经营得红红火火。2012 年，根据她自己的报道，她的收入超过了 150 万美元。最近，阿黛尔遇到了新问题：有竞争对手也在打入这个领域，因为灭虱已成了一桩抢手的生意。对此，她想把"灭虱灵"美发沙龙的特许经营权授予合适的商家，目前正在与有合作意向的商家谈判。阿黛尔的成功经验极好地诠释了"痛苦中蕴含机遇"的道理。

战胜痛苦

你首先应该接受痛苦，然后才能摆脱痛苦，不再把它视为障碍。我希望你能明白：如果未曾经历痛苦，你就不会成为现在的你。不经历风雨，就不会见彩虹。

接下来你应该重新审视自己以往的痛苦经历，再开始治愈自己。你应好好地审视困扰自己的人际关系、工作和事件。正如我之前所言，我相信人生像一场拼图游戏，慢慢拼，你才能看到全景。如果你仔细观察，往往就能发现一种模式，或者看出一种因果关系：如果事情 A、事情 B、事情 C 没有发生，你可能就不会为事情 E、事情 F 做准备。你可以通过自省，试着把拼图一片一片地拼到一起。

要想治愈自己，最简单的方法是找个你信任的人谈一谈。于我而言，我和心理治疗师共事的时候开始养成了这个习惯，从中受益匪浅，多么希望自己能早早开始接受心理治疗。但于你而言，或许会始于与生活咨询师共事，甚至只是找个信任的朋友倾诉。如果你想接受心理治疗，却担心费用太高，我可以告诉你，它的价格你能够承受，而且比你想象中更实惠。你的医疗保险或许能报销心理治疗的部分费用。要想获得心理治疗，你还有一种选择，就是调查你们当地的心理学研究生会开展哪些项目。大多数城市都有很多心理学研究生，他们会免费提供心理治疗，这是他们课程作业的一部分。我建议你找一个从事认知行为治疗（CBT）的医生。CBT 以行动为导向，与生活咨询类似，与我在本书中要求你做的事情恰好一致：

先采取行动，想法和态度自会随之而来。

弥补过失

我返校攻读心理学硕士学位时，一位教授给我们布置了一次有趣的作业。他让我们列一个清单，列出自己一生中痛恨的那些人，比如抛弃过我们的人，在交易中敲诈过我们的人，或者不再与我们做朋友、连个电话都不回的人。然后，他让我们再列一个清单，列出我们可能伤害过的人。我在自己组织的研讨会上也借用了这个点子。我问所有参加培训的创业者，哪些人给你们造成了严重的伤害？有没有这样一些人，当他们出现在你生命中时，就像在夹克下藏了能伤害你感情的手榴弹，让你甚至不想和他们共处一室。然后，你再问问自己，有没有人也是这样看待你的？也许你不是故意伤害他们的，这不是你的错。或许你是一名经理，得解雇某个员工。以我为例，我想到了自己的历任前男友。等你列出了这两份清单后，你或许会发现，你伤害过的人多于伤害过你的人。

弥补过失是投资自己的一个重要步骤。有时它能帮你向伤害过的人道歉。你可以给自己伤害过的人写一封信，把你的感受告诉对方。你不必真的寄出这封信；也许，当你承认自己伤害过别人，或者承认被别人伤害过，就足以让你与过去握手言和，然后继续前行。在这一过程中，你可能会对这些伤害有不同的看法，会想知道："他们真是故意伤害我的吗？"我们都是普通人，都在尽力做好自己能做的一切，不能让过去的伤害阻碍我们未来的成长。这个练习能让我们放下过去，重新开始，净化自我，能让我们做好准备改变自己，逐步发展。

你可以寄出那封信，也可以把它烧掉，就像举行仪式一样，让袅袅烟雾埋葬你的过往。最重要的是，你不要再认为自己是个受害者。你所做的一切是为了实现自力更生，承担起生活赋予你的重任。你不是以往经历的受害者。

练习

把痛苦变成一桩很棒的事业

请你想出三次痛苦的经历，不论事大事小，只要影响了你就行。然后把每一段经历都写下来，越详细越好。你可以像记笔记一样记下这些事情，不必写出一个完美的故事，但要尽量写出自己当时的身心感受。你还要记下希望自己能够改进的事情。你希望获得怎样的结果？还有哪些人也参与其中，他们是怎样回应或怎样不回应你的处境的？是哪里出了问题？人们错过了什么？

现在，请设想一个类似的情境，在这里，一切都没有现实那么糟。在这个情境中，你或别人做了什么来减轻你经历的痛苦？解决方法是什么？是一家新公司吗？是一种新产品吗？是一个新应用（app）吗？这种解决方法能否推广给特定的群体，或者为经历过此类痛苦的人群提供帮助？

最后，你是否有办法从这种痛苦中寻找商机，获得利润？你能否从中想出一个创业的点子，来帮助那些经历过、体会过同一种痛苦的人？

投资自己之路

葛罗莉亚·阿雷东多(Gloria Arredondo)的故事

葛罗莉亚·阿雷东多 5 岁那年，父母就离婚了。她还记得，自己当时抱紧了父亲的双腿，乞求他别离开——尽管他酗酒成性，自她出生以来几乎没管过她。

14 岁那年，葛罗莉亚和母亲及两个兄弟姐妹从墨西哥的瓜纳华托移民到美国。刚到美国时，她还不会说英语，但她聪明又勤奋，短短两年后就从美国的高中毕业，开始在当地的社区大学学习。18 岁那年，她获得了副学士学位①，还拿到了加利福尼亚州立大学（California State University）的奖学金，进入该校学习机械工程。她是机械工程系唯一的女生，也是唯一的拉美裔学生。2001 年，她毕业了。

可惜她的婚姻并不幸福，丈夫虐待她。这段婚姻持续了 14 年，还是他主动要求和她离婚。葛罗莉亚一直在努力维系一个完整的家庭，因为他们的孩子需要特殊的护理。但他们还是离婚了。

---

① 副学士学位：是美国和加拿大的四级学位系统中等级最低的学位，低于学士、硕士和博士学位。修读者一般须在社区学院或专科学院修读两年，通常无需通过论文考核。与之最接近的中国内地教育资历为大专文凭。——译注

丈夫离开后，葛罗莉亚花了一年多时间才理清一切。她意识到自己婚后不再爱自己了。她看着镜中的自己，觉得像是看到了一个怪物。她越来越胖，怎么也控制不住。她痛恨现在的自己。

葛罗莉亚发现，自己这辈子一直在改变自己来迎合别人，以满足别人的需求。为了改变自己的躯体感受，解决问题，她凭着敏锐的直觉去寻求躯体心理治疗服务，这种服务专门针对受过创伤的人。躯体治疗让她摆脱了过去受丈夫虐待的阴影，抚平了她心头的创伤，给了她独一无二的帮助。这也激发了她创业的灵感。

她参加了一些专业的研讨会，学到了许多种情绪疗愈的方法。她被深深地吸引了。她意识到，过去经历的一切痛苦都塑造了如今的自己，她可以借此来帮助别人。她接受了专门的训练，成了一名躯体治疗师，如今在一家私人诊所工作。她写了好几本相关的书籍，举办了数次讲座，还主持了一档广播节目，专讲自己有独特专长的主题。

人生需要仰望星空，也要脚踏实地

所谓仰望星空，是指你心中的理想，也就是能为你的生活赋予目标和意义，带给你快乐的一切。

所谓脚踏实地，是指你面对的现实，也就是你为了养活自己、养活家人所做的一切。

理想和现实是你人生旅途中的两条道路，它们并不能时时共存。它们可能要在两条平行轨道上并行多年，等到你立足于现实赚够了钱，才能把所有的精力和资源用来实现理想。如果你幸运的话，你能在追求理想的同时赚到钱，但这种情况很罕见。你不能为了理想就罔顾现实，等你赚到了足够的钱，才能去安心追求理想。明白了吗？

确切来说，为了实现理想，你应先立足现实，好好赚钱。

听我说，你不必热爱自己在每个阶段做的每件事情。我们做很多事情是为了取得事业上的进展，但不一定热爱这些事情。也许你天生擅长赚钱，但不一定热爱赚钱。但你知道吗，你也可以一边靠自己的天赋和能力赚钱，一边追求自己的理想。这种状态真是太美好啦！

在你年纪轻轻、职业生涯刚刚起步时，学会平衡理想和现实至关重要。在这个阶段，你既要尽己所能去赚钱，同时也应在合适的时机去追求梦想。追求它。追求它。追求它。有言道，你在任一领域花上 10000 个小时，就能成为该领域的专家，但这只是粗略的估计。如果你想成为一名作家或演员，你可能没法马上赚到钱，所以你应该一边赚钱，一边追求你的梦想。

我在娱乐界干了这么多年，亲眼见证了太多有创造力的人只顾仰望星空，却不脚踏实地，几年来过着食不果腹的生活，最终为生活所迫，放弃梦想。如果他们早早规划好自己的投资计划，或许不会这么快就放弃自己的艺术梦想。从长远来看，你的经济条件越好，就越有可能实现梦想，收获幸福。

我给大家讲一个关于理想和现实的真实故事。故事的主人公是著名演员杰瑞米·雷纳（Jeremy Lenner），代表作有《拆弹部队》（*The Hurt Locker*）和《谍影重重4：伯恩的遗产》（*The Bourne Legacy*）等，曾两度获得奥斯卡奖提名。他是一名有抱负的演员，不希望自己为生活所迫，出演自己不喜欢的角色。因此，他决定先好好赚钱，让自己没有后顾之忧，安心等待合适的角色。他开始进入建筑行业，为一些拉美承包商工作，对该领域有了深入了解。他还在工作中收获了额外的惊喜，那就是学会了西班牙语。

他与很多跟他背景不同、经历不同的人一起工作，从而可以深入观察别人的生活方式，从而运用到自己的演艺事业中。不久后，他把自己在建筑行业赚到的钱攒够了，开始在洛杉矶一些配套设施不完备的住宅区投资购买廉价住房。从周一到周五，他一直和拉美承包商共事；一到周末，他就整修自己买的房子。最终，他开始靠房地产赚钱。此外，建筑行业的这份工作给了他灵活的时间，让他能一边从事建筑行业，一边继续演艺生涯。最后，他赚到了足够的钱，能够安心演戏。他把理想和现实结合起来了。

我喜欢杰瑞米的故事，因为他完美地诠释了这个道理：有时候你的理想和现实可以随着你的发展而有所进展，它俩一开始彼此分离，随后偶有重叠，最终能完全融合。每个人的情况各不相同，得找到各自的方式来平衡理想和现实，但这一点是一定可以做到的。你问问杰瑞米·雷纳就知道了。

投资自己之路

玛丽亚·柯尔斯蒂（Mariah Kirstie）的故事

这个故事和杰瑞米·雷纳的故事类似，但又不尽相同。玛丽亚·柯尔斯蒂来自洛杉矶，今年 24 岁，是一名雄心勃勃的女演员。2015年夏天，她失业了，想找一份收入稳定的工作，但又急需一笔现金来维持生活。正如杰瑞米一样，她想找到一种赚钱的方法，能让自己继续上表演课，赚够了钱就安心地参加试镜。

玛丽亚开始仔细琢磨自己会哪些技能，有哪些资本。她有汽车，有驾照，喜欢开车，也熟悉这座城市，从而意识到自己可以通过开车来获得收入。她与优步签约，成了一名司机，开始通过开车来赚钱。

后来，玛丽亚还在一家耐克（Nike）专卖店做销售助理，同时继续做优步司机来赚钱。如今，她立足现实做着两份工作，同时也在追求自己的演员梦。就在这时，她的演艺事业获得了飞跃。她在新电影《小径》（*The Track*）中出演配角，这部电影还在 2016年的电影节上角逐奖项。

所谓"跟着幸福走"，简直是一派胡言

这段时间里，我就多样性问题和女性问题咨询了一些公司和组织。我的工作性质让我得以走遍世界，仅在去年一年里，我就去过了柬埔寨、印度、非洲和中东。每到一个新地方，我都会发现当地的女性和家人一起经商，这真让我倍受鼓舞。我见证着人们为了实现梦想而努力工作，不断向前，在他们的眼里看到了希望和决心。我对他们的干劲和智慧敬畏不已。他们都在尽己所能，做一切能改善生活状况、提高生活品质的事情。

在观察这些勤奋的人时，我想到了一句美国流行的俗语："跟着幸福走。"我们向来都被告知："跟着幸福走，金钱就能拥有；跟着幸福走，世界待你温柔。"这句谚语出自著名学者约瑟夫·坎贝尔（Joseph Campbell），他就是《神话的力量》（*The Power of Myth*）的作者。但坎贝尔的原话其实是这样的："追随你的幸福吧！不要害怕，幸福之门会在你意想不到的地方敞开。"

但是这两种说法有着重要的区别。

美国的流行观念是：做自己喜欢的事，成功自会随之而来。恕我直言，这完全是第一世界国家看待成功的思维方式。这种观念和所谓的"心想事成"没有本质区别。难道我在旅途中遇到的那些勤奋谋生的家庭仅仅在跟着幸福走吗？绝不是！我所看到的，是他们努力工作的意愿和决心，是一种"我能够做""我必须做"的态度，这才是我真正能联想到的东西。这些人不会空等别人来帮忙，空等好事情降临，而是为自己的人生负责，将一切掌握在自己手中。

我突然发现，与发达国家的女性相比，发展中国家的女性对投资自己这场革命准备得更加充分，因为她们已经站在了经济独立的战斗前线。她们别无选择，这是现实生活的要求，正如来自其他国家的移民女性为使家人过上更好的生活，就得自食其力。这些女性忙于赚钱养家，哪有时间去追求所谓的幸福。移民的一大优势在于，他们既乐观又踏实，并把这种价值观和实际的必要性结合起来，努力谋生，提升自己。这也是美国梦的核心要素。

投资自己之路
凯西·穆里略（Kathy Murillo）的故事

　　1990 年，凯西·穆里略和丈夫结婚。当时，夫妇俩都想把一生都奉献给艺术、写作和音乐。为了实现目标，他们开始生产具有拉美特色的家用器皿。他们碰巧认识了一位销售代表，把他们生产的样品带去洛杉矶和纽约，参加当地的商品展销会。没过多久，300 多个客户的订单纷至沓来，凯西和丈夫根本忙不过来，无法满足他们的需求。他们膝下有两个小儿需要照顾，对自己的事业也只有一个初步的计划，所以只能缩小生意的规模。

　　凯西放弃了家用器皿生意，转而去《亚利桑那共和报》（The Arizona Republic）的特别栏目担任兼职文员，工作非常努力。新闻编辑室里的情况鼓舞了她，她立志成为一名记者。当新闻人员的职位出现一个空缺时，她马上提出申请，尽管她担心自己资历不够。她良好的职业道德和热情的工作态度引起了面试官的注意，获得了面试机会，尽管她连大学本科学历都没有，而本科学历是这个职位的明确要求。最终，凯西在面试中脱颖而出，获得了自己梦寐以求的这份工作。

　　凯西非常热爱自己的工作，并梦想成为一名记者。一天，编辑想为一个特定的任务找个合适的记者，却没找到合适的人选，凯西马上抓住了这个机会。不久后，她就被派去做新闻报道了。大约在这段时间里，总编辑给凯西提出建议，说她需要投资自己，返校学习，拿下学位。凯西犹豫了，因为家庭和工作已经占用了她的大部分时间，但总编辑坚持认为返校深造从长远来看对她有利，而且报社愿意承担她的学费。凯西上了 3 年夜校，终于获得了新闻学学士学位。她被提拔为特别栏目的记者，还开设了个人专栏，主要讨论手工艺和电影，她的两大爱好。

凯西的手工艺专栏大获成功。2001 年，她开始推销自己。她给当地的电视台写信，还用笔名"慧黠女孩"（Crafty Chica）写博客。她在博客里写自己的日常生活，写自己在做的项目，并且总能联系到自己在《亚利桑那共和报》写的手工艺类文章。没过多久，她的文章阅读量开始增长，人们开始注意到她。她出现在当地的电视新闻上，并把自己的专栏文章出售给多家媒体。她定期细看自己推特（Twitter）账户上增长的粉丝，在其中寻找媒体从业人。一旦发现某位粉丝与媒体有关，她就会直接与对方联系，找机会推广她的个人品牌"慧黠女孩"。她的认真细心为她带来了好结果，《纽约时报》都报道了她的事迹！

"每天晚上，我总是等到别人都睡了再开始工作。"凯西说。在网上工作的好处在于，你就算足不出户也能创造奇迹。至于她的目标呢？她想把 craftychica.com 办成创业界的 CNN！她邀请泰拉（Tyra）、奥普拉、玛莎（Martha）和詹妮弗·洛佩兹（J.

Lo）做她的品牌代言人，因为这些人知道该怎样保持产品的新鲜感和多样性。她开始在网上出售自制的墨西哥风情手工艺品，为"慧黠女孩"拍摄视频并上传到 YouTube 上，有出版社来找她约稿，想为她出书。不久后，她受邀在一场大型国家级手工艺会议上发表演讲，还获邀加盟迈克尔斯工艺品连锁店的生产线。"慧黠女孩"已经开始运营起来了。

2007 年，凯西辞去了报社的工作，一心一意经营"慧黠女孩"。在品牌推广上，她极具智慧和策略：她写了 7 本关于手工艺的书籍和 2 本小说，由主流出版社出版，还为电视频道"一生"（Lifetime）推出了一系列在线丛书。"慧黠女孩"的产品不断在迈克尔斯连锁店出售。凯西组织了一次去墨西哥的年度艺术巡游，如今正在开发可作礼物的新产品，包括杯子、蜡烛和相框。她认为，自己成功的秘诀在于找到了一处不完善的市场——也就是拉美人的市场，并亲自填补了这一空白。

以上种种乍一看像是白日梦，而凯西把它们变成了明确的目标和计划。她一心一意，坚持不懈。我们可以学习凯西的经验，也就是抓住互联网提供的技术和所有资源，它们都是免费的！尽情地追求梦想吧，但也要保住你的日常工作。每个人的生命只有一次，独一无二，我们应该牢牢地把握它，庆幸自己拥有天赋和才能。过你喜欢的生活，寻找想要的幸福吧！

你面对的现实是什么？你心中的理想是什么？

如果你努力平衡自己的理想和现实，没过多久就会用新的眼光看待自己，因为你会变得与从前不同。你能实现理想和现实的平衡，同时拥有二者。所以，请问问自己下列问题：

现实

· 你会哪些技能，有哪些天赋？

· 你该如何利用自己的技能和天赋变现？

· 你能否从中找到商机，借此赚钱？

理想

· 你喜欢做什么，哪怕免费也愿意？

· 你能否把它作为理想来追求，同时也能赚钱？

别买鞋子，去买房子

《欲望都市》（*Sex and the City*）是我一直以来最喜欢的电视剧之一。如果你也是这部剧的粉丝，相信你肯定记得卡丽·布拉德肖（Carrie Bradshaw）的"滥用物品问题"——也就是她那一大堆高档的鞋子。当她与男友分手时，才意识到自己没钱买房子，因为她把每一分钱都拿去买了鲁布托(Louboutin)和周仰杰(Jimmy Choos)的鞋子。她跑去银行问："你为什么不贷款给我呢？看，我有钱啊。"工作人员回答："你不能用鞋子作抵押买房子。"

"别买鞋子，去买房子！"我想告诉每个像卡丽·布拉德肖一样的人。我希望每个女人都能认真读完我这条建议：我真心希望你们把钱投到固定资产上，而别去买鞋子之类用了就贬值的物品，无论它们有多好。不过这也是个比方，并不是真要去买房子，我让你们买的"房子"，其实是希望你们能有远大理想，能有雄心壮志，在生活中找到真正的追求，而不是靠短暂的满足来填补生活的空白，比如买条裙子，买双鞋子，甚至买更多你其实不需要的东西。

如果你是个"00后"，我希望你能把塔拉·温特（Tara Winter）这样的人视为自己的榜样。塔拉·温特是我的朋友，才20多岁，现居于洛杉矶，从高中起就开始考虑创业了。毕业后，她进入圣莫尼卡学院（Santa Monica College）学习。学院的很多学生都是名人的子女，而塔拉和母亲相依为命，手头也不宽裕。但塔拉非常聪明。有一种人从小就懂得从无法避免的痛苦中发现商机，并为自己谋利，她就是一个典例。根据六度分隔理论[①]，她意识到学校里的每个人和好莱坞明星都只隔着6个人的距离。她的许多朋友都是名人的子女，他们的母亲或姨妈的衣橱里塞满了不再需要的戏服和著名设计师设计的服装。

在母亲的帮助下，塔拉在eBay网上开了家店，网址为fullcirclefashion.com，就像一家好莱坞明星的转售网店。她会讲述这些优质旧衣背后的故事，讲得绘声绘色，引人入胜，把故事与衣服的来历结合起来，成为她独家的八卦消息。譬如："这条裙子被一个有大长腿的一线影星走红毯时穿过"，或者"穿过这双'恨天高'高跟鞋的人是一个专门演肥皂剧的金发女演员，她后来嫁给了自己的合作搭档"。她把60%的利润分给这些旧衣的主人，剩下的40%归自己所有。很多名人直接通过Instagram和脸书来联

---

① 六度分隔理论（Six Degrees of Separation）：1967年，哈佛大学心理学教授Stanley Milgram提出，每个人和任何一个陌生人之间只隔着6个人。也就是说，最多通过6个人就能认识任何一个陌生人。——译注

系塔拉，因为塔拉既尊重他们的隐私，又能很好地推销这些衣服。他们很欣赏塔拉的做法。

塔拉没花什么成本就把生意做得红红火火，大学期间的花费完全够用。如今，她已经二十五六岁了，和高中时代的恋人结了婚，女儿也一岁了。她的事业继续蓬勃发展。凭着网店的收入，她付清了第一套房子的首付。不论字面含义还是比喻含义，塔拉都做到了我在本章中建议大家做的事情，因为她靠出售马诺洛（Manolo）、周仰杰设计的旧鞋给自己买了房子！

忘掉奢侈品

一次，娱乐界的一位导师对我说："我不知道现在的年轻人是怎么想的。他们一旦开始赚钱，就拿去买奢侈品。他们个个只会跟奢侈品过日子。"我认为他想表达的意思是，他见证了很多拉美裔和非洲裔美国人一旦取得成功，就去花钱买珠宝、金链子和豪车。我非常理解他的立场，但也完全理解他批判的这些年轻人，他们来自另一种文化背景，觉得自己在美国像个局外人，我对这种痛苦深有体会。许多像我们这样的少数族裔人士似乎认为，我们得"显摆"自己的财力，才有资格进入一些专卖店、俱乐部甚至学校。

这位导师碰巧是一位非裔美国人，他也建议我买房子。"如果一切可以重来，我就会买房子。"他说，"我会尽快开始买房，最后再买用来自己住的房子。"他刚告诉我这一点时，对我还没有什么意义，因为根据传统的观念，买房是为了自己住。他解释道："我买商品房。你想拥有能带给你收入的财产。如果你买一套房子，可以把它租出去，靠收租金来增加收入。你可以给自己买套房子，但在你把它卖出去之前，它会一直消耗你的资源，你也会对它产生感情。而你如果把它租出去，所有的花销就能让租客承担。"我听过这种说法，事实也的确如此。我受教了。

缩减日常开支

我一开始没有完全遵循导师的建议，因为我用自己赚到的第一笔钱给父母在迈阿密买了一间公寓。我们拉美人都相信首先应照顾父母，这一点很重要。这是我们的职责。我知道，这一点同样适用于来自传统文化背景和家庭的人。于我而言，确保父母退休后得到照顾是一种荣耀。给父母买了公寓后，我又买了一套房子。以下是我买房的过程。

我刚和福克斯签约时，有机会去它位于世纪城（Century City）的专门用地办公。获得这个机会时，我激动得跳了起来，因为这个地方极具魅力，有各种各样的优势。在这个地方，你哪怕出去吃个午饭，都能遇见各种各样的影星和大咖。我在取车的路上碰见过丹泽尔·华盛顿（Denzel Washington）；我去开会的时候碰见了《生动的颜色》（*In Living Color*）的全体演员，包括年轻时的詹妮弗·洛佩兹；有一次经过摄影棚，我看见《生死时速》

（*Speed*）剧组的工作人员正在为主演桑德拉·布洛克（Sandra Bullock）和基努·里维斯（Keanu Reeves）拍一个镜头。我惊叹不已，过了好一阵子才回过神来，感觉自己仿佛也成了好莱坞历史的一部分。

可是我得开始交房租了。我只租了一间小小的办公室，他们居然要收这么多钱！我每个月都会收到房租账单，上面的数字高得惊人。我不禁想道："我真要继续租下去吗？我完全可以把这些钱存起来，或者投入我的公司，还可以用于其他投资呀！"

于是，我开始去寻找能用作办公地点的房子。我想找一个租金便宜、离福克斯的地盘也不远的地方，威尼斯正好满足我的一切要求。它是一个时髦而别致的海滨小镇，镇上有真正的运河，但也发生过几起犯罪团伙的暴力事件。不过呢，我才刚刚从纽约东村搬出来，我连东村都敢住，还怕什么威尼斯呢！1998年时，威尼斯的房价还很低。那里的一套老房子特别吸引我。它到底有多破旧呢？如果说它需要修整修整，未免太委婉了；它已经破到了需要拆掉重建的地步。不过呢，我觉得它是个潜力股。我发现，房子的主人是一位音乐家，没花几个钱就买到了这套房，打算把它改造成用来生活和工作的空间，把音乐工作室设在楼下。我请他把房子卖给我，但他不卖。一段时间过去了，我还是时不时去看那套房子。

后来，我在好莱坞的某个刊物上读到一则新闻，那位音乐家与某部电影签了约，即将搬往伦敦。这样一来，他就再也不需要那套房子啦！我再一次联系上他。我对这套房子很执着，他终于回信给我，愿以 100 万美元的价格把它卖给我。我回复道："你没逗我吧？我可是个拉美人。据我所知，你没花几个钱就买到了这套房子，还开出这么高的价格，你是想敲诈我吗？"我这番话听得他好生内疚，最终，他以很低的价格卖给了我，只高于他当年出价的 10%。

我终于买到这套房子了，感到十分激动。但当我回去把这一切告诉我的员工时，他们都深感不安。一名女员工说："内莉，你花了很长时间才在福克斯的地盘有了一席之地。你为什么要舍弃福克斯带给你的名望，搬去威尼斯这样的鬼地方呢？"

"你之所以这样说，是因为你觉得我们公司的声望都源于二十世纪福克斯公司。"我告诉她，"但我想做一个自主创业的人。我们得好好思考，究竟什么对我们公司来说是最好的。最好的做法，绝不是把公司的资金都花出去。只要我们想去，我们随时都能去参观福克斯的地盘。一旦福克斯不与我们合作了，我们还有什么价值呢？我们要建立起自己的公司，打造出自己的品牌。"这番话说得她哑口无言。她真的没有理解我的意思。在她看来，我放着"白马王子"福克斯不要，偏要离开闪闪发光的城堡，去一片原始森林踏上冒险的旅途。

如果你当时告诉我，我在威尼斯买的那套房子能让我 40 多岁就过上衣食无忧的退休生活，我是绝不会相信你的。但事实真是如此。据说在房地产行业，一套房子升值升到你能从中盈利时，通常需要 20 到 25 年的周期；但我买的那套房子没过 10 年就升值了。后来，我又买了几套房子。这些房子为我带来了不少收入，让我能全心全意投入创业之中。如果当时我继续在福克斯的地盘租房子，如果我投资于鞋子而不是房子，这一切又怎会发生呢?

要对生活有长远规划，为了实现它，你应做好牺牲的准备

我得指出一点：在我早年刚开始投资房地产的时候，我作出了很多牺牲。这一点很重要。我最终还是买了自己的房子，但是大多数时候都住在租来的房子里。我不买华贵的家具，也不花大钱去度假。但你要记住，"牺牲"不等于"遭罪"。

我可以在短期内作出牺牲，因为我对生活有长远的规划。记得我近 30 岁的时候，正住在纽约。我过生日那天，和一群朋友去了一家画陶瓷的小店，每个人都在一块瓷片上画出自己理想中的未来生活。那天我们玩得很开心，我把自己画的瓷片带回家后，随便找了个地方收起来了。这些年来，我完全把那块瓷片忘到了九霄云外。

两年前，我在储藏室里翻找旧物，突然发现了那块瓷片，简直不敢相信自己的眼睛。瓷片上画着一座橙色的房子和一间亮粉色的办公室，还有一条狗和一棵棕榈树。把瓷片翻过来，另一面上列着我的愿望清单：我希望全款买一套房子，希望拥有自己的事业，让我有足够的钱安享退休生活，还希望能返校深造。现在，我的房子和办公室都以色彩鲜艳而闻名，甚至吸引了来威尼斯的游客为之频频驻足；我养了一条狗，把它看得比自己的命还重；我也实现了返校深造的梦想。我那些刻在石上（好吧，其实是瓷片上）的目标和

梦想全都实现了，我不由得惊呆了。我把瓷片拿给布里安看，我俩都兴奋得尖叫起来。

"你真是个神奇的巫女！"他一边啜泣，一边说道。

"不，我只是有长远的规划，然后把它变成了现实而已。"我说。

每当我告诉女人们，你们需要知道自己想成为什么人，以此鞭策自己前进，也需要有清晰的目标为自己指路时，想要表达的就是这个意思。你的确应该知道自己想要什么，为了得到它，你应愿意为之牺牲。可一旦你得到了，它于你而言就像是整个世界，因为你知道，它是你辛辛苦苦才得来的。它不是别人给的，也不是轻易得来的，没有人可以把它从你手中抢走，因为它完全是你自己争取的。这种自力更生的感觉能让你变得焕然一新。

"别买鞋子，去买房子。"这一观念在我心中根深蒂固。这个口号很好玩，但绝不是一句玩笑话。它是我的切身体会，也是我的人生信条。它也能引导你问自己一些重要的问题：我对生活有怎样的长远规划？为了实现规划，我愿意作出怎样的牺牲？

投资自己之路

安吉·亨利（Angie Henry）的故事

安吉·亨利出生于墨西哥，小时候随父母和五个兄弟姐妹来到美国。全家人住在圣地亚哥的一间小小的活动房屋里，空间很逼仄，安吉连自己的床都没有，只能睡在客厅的沙发上。

"对我来说，成长可谓是一种挣扎。"她回忆道。"我母亲在温室里工作。每次下班回来时，她从膝盖以下都沾满了泥巴，双手长着疹子，脖子上还有残余的农药。"母亲经常告诉孩子们，受教育至关重要。"她会说：'你需要去上学，'"安吉回忆道，"'你需要成功。'"

安吉进了一所位于富裕地区的优质公立学校，但她觉得自己与其他的学生不一样。"老师会说：'你们今天回家后，就坐在书桌前写作业……'可是对我而言，我会忍不住想：'我该怎么做作业呢？我连张书桌都没有。'"

16岁那年，安吉怀孕了。她依然完成了高中阶段的学业，在一家家具公司工作，直到自己攒够了买床和书桌的钱，能为未来做打算为止。她的梦想是拥有自己的房子。

一天，安吉正在运输和收货部门干活儿，无意中听说公司无法提供某个订单中规定的一种缝纫花样。她想出了缝纫的方法，因为她很擅长缝纫。从那以后，她继续接订单，最终雇了一批自由裁缝帮她一起接大订单，其中大多数订单都要求刺绣。靠着做针线活儿赚到的钱，她不光完成了大学学业，还给自己买了套小房子，既用来自己住，又用作自己公司的办公室。

2005年，她返校学习，一年后考下了房地产经纪人的证书。她加入了美国拉美裔房地产专业人士协会（National Association of Hispanic Real Estate Professionals）和圣地亚哥拉美裔商会（San Diego County Hispanic Chamber of Commerce）以建立人脉，找房地产业的工作。她一边经营着自己的缝纫事业，一边做房地产经纪人。事实上，还是缝纫事业帮助她安然度过了2008年的金融危机。

安吉在洛杉矶参加了前进运动举办的一场活动，听到我说女性应该以老板而不是员工的方式思考，顿时感到醍醐灌顶。她突然意识到，她虽然有自己的事业，但在做房地产生意时却总是以员工的方式思考。她设立了一个新目标：创立自己的房地产经纪公司，雇一些代理人为自己工作。她知道，这样做才能真正赚到钱。

安吉工作起来非常勤奋。她很聪明，同事们都很尊重她。她终于攒够了钱，可以开自己的房地产经纪公司。当时的她因业务精熟、处事公正而在业界享有盛名，所以别的一些房地产经纪人都愿意来她手下工作。她与别人合租了一间办公室，前公司的4名员工都加入了她的新公司。她在房地产业有丰富的经验，所以能雇佣聪明的人才，利用人脉获得及时的交易。没过多久，她的经纪公司就发展得红红火火。

对于其他想自主创业的女性，安吉的建议是："跟着直觉走，跟着内心的想法走。专注于自己的目标，寻找能够帮助你、激励你、带你走上正确道路的群体和导师。"

就个人而言，安吉通过投资自己实现了梦想，并把投资自己的火炬传递下去。"拥有自己的房子是美国梦的一部分，"她说，"给一个家庭新房子的钥匙，就像给了他们幸福的钥匙。我能通过自己的工作给每位客户提供床和书桌。"

你应作出牺牲，然后牺牲更多

为确保自己一辈子都有钱花，你就应努力赚钱，好好存钱，理性投资，这样一来，你实现财务自由。这个话题我们以后再详谈，现在你只需知道一点，那就是仅靠赚钱无法让你到达该去的地方。

我刚开始投资房地产时就牺牲了很多。最后，我在威尼斯给自己买了一套房子，但因为我长期在拉丁美洲工作，所以把这套房子租出去赚钱。我努力工作，四处奔波。我常常要待在洛杉矶，所以在那里租了一间公寓。我知道，有朝一日我能住进自己买的那套房子，按自己的喜好和风格装修它，尽情享受住在里面的时光。

我从未花大钱去度假，也从不过浮夸的生活。我有意识地作出一些牺牲。我之所以能做到，是因为我对生活有长远的规划。我告诉自己，如果我愿意为人谦逊，作出牺牲，脚踏实地，就能实现自己的规划。我愿脚踏实地，同时仰望星空。

仰望星空与脚踏实地真有可能共存吗？自从女权运动开始以来，这个问题就困扰着一代又一代女性。我相信是可能的，你只是不能一直同时拥有它们。生活中总有一段时间需要你作出牺牲，也终有一段时间让你品尝自己收获的果实。 不过，筑梦意味着要为长远的目标牺牲短期的满足，并学会怀着快乐、带着目标来做到这一点。实现梦想之时，你牺牲的一切定会带来回报。

练习

你做好了投资自己的准备吗？

请用以下问题来逐一盘点你的生活：什么对你而言毫不费力？什么对你而言一直是挑战？你想在哪些地方作出改变？请给自己充分的时间思考这些问题，让你的思维自由发散；换句话说，请认真考虑以下问题，把脑海中浮现的一切记下来。

· 放弃"白马王子"的美梦：你有没有放弃这个美梦，不再期待别人来拯救你？

· 倾听内心的恐惧：你最近有没有感到恐惧？它是怎样引导你不得不做一些事情的？你有没有努力去对抗它呢？

· 选中你自己：你表现出了真实的自己吗？发现了真实的自己吗？你会以老板的方式思考吗？你确定做好了自食其力的准备吗？

· 主动获取力量：你曾经有机会获取力量却不愿采取行动吗？为什么？是什么让你踟蹰不前？

· 从痛苦的经历中找到机遇：你有没有想到该怎样从痛苦中赚到钱？

· 投资你自己：你在学什么？你是怎样成长的？谁在你的团队里支持你？你的团队还需要谁来加入？

· 好好理财：你靠做什么赚钱？你能存多少钱？你是否一边工作，一边创业？你有何种变现的技能？

·弄清你的使命：你是否在做自己爱做的事？它是否能够激励你存足够的钱来实现它？

·愿意作出牺牲：为了实现长远目标，你愿意放弃什么？

3

■

投资方法：去投资自己吧！

设目标，定策略，去实现

投资自己首先要从内部做起。在本书的前两章里，我分享了自己一路走来受到的情感和实践教育。这些来之不易的经验共同塑造了我，让我知道自己想成为什么样的人，想取得什么样的成就。我建议你改变自己思维之船的方向，驶入另一条航道。请改变你的思维方式，用新的思维方式和清晰的优先次序来对待生活的方方面面。我希望我已经让你相信，你必须选中自己，宣告自己的意图，开拓投资自己的道路，建立自我创造的道路，就能在方方面面都活得富足。

那么，"活得富足"究竟意味着什么呢？我在本书的开篇就给它下了定义。不过呢，既然你准备踏上投资自己的下一段旅程，我觉得在这里重复一遍也值得。

活得富足，意味着你每夜都能酣然入梦，高枕无忧；

活得富足，意味着你活着不仅仅是为了生存，不会离灾难只差一步之遥。

活得富足，意味着你能用一些好东西来犒劳自己和孩子，比如受教育，去旅行，有自己的房子。

活得富足，最终意味着你是出于喜好而工作，而不是为现实所迫。

当你活得富足时，你就能充满力量，自立自强，自由自在，实现自我价值。

现在，为了平衡你的理想和现实，为了评估你掌握的技能——也就是给你动力的"发动机"，为了集中精力追寻你内心的使命——也就是为"发动机"助燃的宏图，你得好好盘点自己的生活。

描绘你生命的轨迹

我们往往容易忽略一点：我们的一切行为决定着日后的际遇。我和别人一样，也做过几份不那么理想的工作，但正是这些工作经历共同造就了现在的我。在职业生涯早期，每当我感到困惑时，我做得最有趣、最给我启发的事情之一，就是画一张表格，列出自己到目前为止做过的所有工作。它们给我呈现了一张清晰的轨迹图，明确展示了我曾经走过什么路，对自己和自身能力有多么了解。我把自己的好恶和能力像拼拼图一样拼起来，这样做，极大地帮我弄清了将来该何去何从。

当你对这一切了然于心时，整个局面就会开始浮现于你的脑海。你应知道自己的生活需要剔除什么，保持什么，添加什么，这一点同样重要。如果你因为做着不喜欢的工作而感到无望，那么你可能没有看到自己的大局，可能会任由自己被不喜欢的工作耗尽心力，而不是展望未来，规划下一步行动。这个练习旨在为你提供一种思维方式。

我的表格如下：

工作	喜欢	不喜欢	学到的技能
"限量版"服装店	做销售。	清点存货。	销售；组织。
《十七岁》杂志	迷人的环境；讲故事；做研究。	没有报酬。	做研究；讲故事；反应迅速。
青少年电视节目记者	旅行；采访有趣的人；上电视。	没赚到钱；乘公交车旅行；糟糕的旅馆；去危险的地方。	适应各种各样的环境、各种各样的人；沟通技能；自信地面对镜头；一些专业技能；团队合作；讲故事。
CBS，新闻制作人	内容丰富有趣；每天都能看到自己的作品播出；主题多样；有挑战性。	压抑的主题；工作节奏快；"工厂心态"①；生活过得太糙。	在短期内执行任务；以低预算制作节目；懂得了紧跟时事很重要；编辑。
电视台经理	做领导人；与团队一起工作；拉美市场；与广告主打交道；做会计——谁能想到呢？	技术性大于创造性；工作时间长；要管理太多人。	经营企业；数学！！！满足消费者的需求；懂得了利润很重要。

我从这些经历中收获了什么呢？我喜欢经营与客户打交道、能赚钱、有创意、与人合作、让人兴奋的企业。我想参与对人有意义、

① "工厂心态"(factory mentality)：呆板、缺乏个性、机械化的行为。——译注

特别是对我们拉美裔群体有意义的事情。我喜欢好故事，喜欢乐观的人，乐观的素材。我懂得销售，反应迅速，懂得管理整个公司，还懂得平衡账目，这一点很重要！我已经爱上了数学！ 我接下来要创立自己的电视制作公司，为拉美市场提供产品。

以下是你要填的表格：

工作	喜欢	不喜欢	学到的技能

当你

活得富足时，

你就能

充满力量，

自立自强，

自由自在，

实现自我价值。

你从自己的经历中收获了什么呢？为了完善自己受到的教育，你接下来需要学习什么？你热爱什么？对什么充满热情？你希望给别人带来什么？有哪些事情你能做得比别人好，而且只有你能做得比别人好？哪个行业对你有吸引力？比如服务业、酒店业、零售业、制造业、技术行业、时尚行业、食品行业……

你的一切经历就像拼拼图一样拼到一起，开始呈现出全貌。这幅拼图的碎片能帮你认识自己，认清自己有哪些资本，也会帮你决定自己会成为哪种创业者。

我们来打个比方。假如你现在20多岁，是一名服务员。你可能觉得自己困在了一份糟糕的工作上。然而，你不妨花点时间跳出每天的日常工作，问问自己正在这份工作中学习什么。

首先，你在学习餐馆的运作方式。你能看到餐馆老板做的事情是对是错。你知道怎样给顾客提供卓越的服务，怎样让员工干得开心。你能与客户当面接触。你能了解雇佣员工、配送食物需要多少成本，餐馆一般有哪些日常开支。你能学到管理订单，高效工作。你或许能看到餐馆老板在哪些地方可以改进，会想："如果我是负责人，我会有不同的做法。我的做法是……"这或许能激励你开一家自己的餐馆，激励你去学校深造，攻读管理学、烹饪艺术或企业管理的学位。这样一来，你的专业知识不断精进，盈利能力不断提高，你的技能和抱负也会再次改变。或许你45岁时能够实现自主创业的梦想。15年后，你60岁了，在经商方面有多年的成功经验，就能好好经营一个非营利组织，借此调动你的热情，完成你的使命。

请你梳理出生命中的拼图碎片，把它们拼在一起。拼法可以多种多样，没有唯一的正确答案，是一个带着目的试错的过程。我希望你把每个阶段都视作为下一阶段做的准备。这是一个上升的过程。不论你身在何处，从事何种工作，都要努力把生活的方方面面都掌握在自己手中，一路积累知识和经验。因此，这不是让你去找下一份工作，而是让你获得内在的力量，了解自己，设立目标。列出自己的所有好恶、技能、天赋、能力后，你想好了接下来该何去何从吗？我们下一章再具体讨论这个话题。

设目标

每当我参加一些活动，在许多女性面前发表演讲时，我通常会先问她们一个问题，尽管我当时基本能猜到她们的答案。因此，这种提问可以说是一种小技巧。不过呢，我提问是出于对她们的关爱，而不是让她们觉得自己很渺小。我的问题很简单，就是"你们有什么目标"。然而，她们的答案多半不是我想要的，比如"我想买一辆新车""我想摆脱债务""我想买些好东西来犒劳自己"。这些东西都无足轻重，只能带给人短期的满足。

我得告诉你，如果你问男性同样的问题，他们的答案格局要大得多。为什么呢？这个原因应该让社会学家、心理学家和生物学家来解释，也很可能需要用进化论和文化背景来解释。然而，在过去的五六十年里，女性生活的文化背景发生了翻天覆地的变化！既然如此，我们的抱负为何没有随之改变呢？我们的梦想为何依然如此狭隘？作为一个乐观的人，我认为只要重点关注这个问题，我们就能主动迅速地作出改变。这是我在自食其力运动中的一项使命。让我们一起改变思维方式吧。

所以，在此时此地，我希望你能拥有远大的梦想。接下来我会问你有哪些目标，希望你用纸笔记下它们时，能够考虑得更长远。这是你的秘密清单。别难为情，这份清单是私密的，只有你自己才能看到。它是你的北极星，不是别人的。所以，让我们明确一点：清单上没有短期目标，而是你希望在二三十年后实现的目标。

比如，我 20 多岁时，给自己设立了以下目标：

· 把整整两年的薪水攒起来分作两份，一份用于应急，另一份用于投资。

· 还清房贷，真正拥有属于自己的家。

· 除自己住的房子以外，还要有一套房子，用来出租盈利。

· 返校学习，获得学位。

· 为退休后的生活攒够钱。

· 送我的孩子上大学。

· 在古巴买一套海滨别墅。

· 环游世界。

· 65 岁时退休。

45岁那年，我实现了上述所有目标。我很幸运，因为我抓住了机会，在奋斗的过程中获得了指导，找到了方法，所以现在迎来了收获的季节。

为了帮助与我共事的女性设立目标，我用这种思路指导她们：先是向前看，规划自己的晚年生活，再一路倒推回来。想想85岁的自己吧，你希望自己85岁时成为什么样的人，过上什么样的生活？你希望经济独立吗？你想不想以身作则，做个自食其力的强大女性，为家族成员树立榜样？有些东西能让你清醒地看待死亡，它们能成为一种独一无二的动力。

当代艺术家坎迪·张（Candy Chang）在社交媒体上引起了轰动，因为她发起了一场全球性的艺术墙项目，叫"在我死之前（Before I Die）"。她在一面墙上写下"在我死之前，我想 ____"，许多人纷纷驻足写下自己的愿望。在这面墙上，各个年龄段的女性都分享了自己离世之前想实现的愿望，尤其是年轻女性对该项目深有共鸣。此外，阿瑟·布鲁克斯（Arthur C. Brooks）①最近在《纽约时报》上发表了一篇文章，题为《更快乐一点，开始更多地思考你的死亡》（*To Be Happier, Start Thinking More About Your Death*）。文章列举了一些研究成果：如果要求人们思考自己的死亡，他们就会集中精力，备受激励，对自己生活的重心一目了然。你必须拥有大格局，否则就无法实现梦想。

———————————

① 阿瑟·布鲁克斯（Arthur C. Brooks）：出生于1964年，美国社会科学家、音乐家，美国企业研究所（American Enterprise Institute）主席。——译注

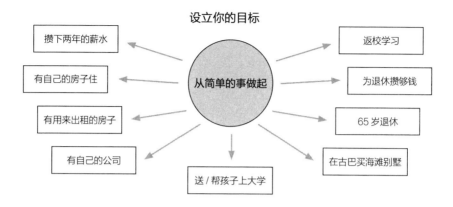

你还有哪些其他的目标？

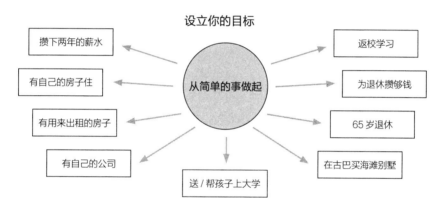

你还有哪些其他的目标？

所以我问你，你希望自己 85、65、50、40、30 岁时分别在哪里？你有哪些目标？

你有哪些标识？你怎样衡量成功？你怎样知道自己已经实现了目标？

你会尽快纠正自己犯的错误吗？

你想减轻体重、健康生活吗？

你希望自己退休时拥有多少存款？你每月需要多少钱才能无忧无虑地生活？

看一看身边那些不够快乐、不够坚决、不断挣扎的人。问问自己，在他们的人生轨迹中，究竟是哪个环节出了问题？你能从他们的经历中获得哪些警示？

你想住在哪里？希望自己的房子外观如何？

高远的目标需要毅力才能实现。如果一个目标不值得为之奋斗，就很可能不是一个有价值的目标。

我之前提到过，我最近为自己设定了减轻体重、健康生活的目标。我将近一年都没吃过含糖的食物。我是怎样做到这么坚定、自律的呢？答案是我在房间里贴了两张自己的照片。其中一张是25年前拍的，还上了杂志封面。照片上的我身材苗条，面带微笑，身着华服；旁边贴着另一张我近期的照片，照片上的我已经发胖了。如果我没有天天看到这两张对比鲜明的照片，没有直观地看到自己现在的身材和理想的身材，我还真不确定自己能坚持减肥。我坚信直观的东西能帮我们明确目标，一切形式都可以，比如愿望板、心情板、时装画册、日记、期刊等等。你把理想的照片摆出来，它能帮助你实现目标。

为自己做一个愿望板吧。这种方法能帮你把愿望具体化，把概念变为现实，也能帮你为自己代言。

定策略

既然你已明确了自己的目标，那么该怎样去实现呢？你最终应做到"财务自由"。

我第一次听到这句话时，完全不知道它是什么意思。不过，它是投资自己旅途中最关键的部分，是创业者内心深处的动力。它最终的目的是创立一个企业、推出一种产品或作出一项投资，成为你收入的持续来源，让你一天24小时都能赚到钱。这样一来，你就能兼顾其他工作，额外赚钱；如果你足够幸运，还能尽情去享受生活，追逐梦想。

这一内心深处的动力能激励你自力更生，同时也能激发你的创业精神。在生活中，你可以用多种方式发扬你的创业精神。你选择怎样发扬，成为自己生活的主人，这一切都取决于你自己。不过呢，道理不会改变：你需要赚钱，存钱，把钱拿去投资。这样一来，就算你不再工作，也能从投资中获得回报。为什么要这样做呢？

因为你无法单靠工资过好这一生。

即便是像我的牙医朋友一样的专业人士，也需要额外的收入来源，让他们不工作时也能获得收入。牙医行业利润丰厚，或许她只需把赚到的钱投资于自己的退休账户，以后就不用担心了。但你现在可能没有足够的收入来储蓄和投资。于我们而言，大多数人现在都需要赚更多钱才能去投资——无论投资于股票、房地产还是企业。投资的收益能让我们下半辈子不用愁了。

　　首先，你要赚钱。我希望你能找到一种方法，赚得比现在更多。或许你可以在 eBay 网或亚马逊上开始一门副业，或许你可以每周花几个晚上做优步兼职司机。是的，我要求你比现在更努力地工作，要求你作出一定的牺牲。请留心自己的花费，减少日常开销。

经济独立
人格自由

远大目标

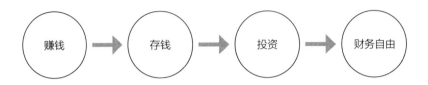

赚钱 → 存钱 → 投资 → 财务自由

然后，你要存钱。我希望你把赚到的每一分钱都存起来，用来发展第二职业。你的目标是攒下一整年的薪水。是的，你没听错！（至少）一整年的薪水可以为你缓冲、应急，让你活得安心。但你不要半途而废，存钱是一项终身大业，我保证你会爱上这个好习惯。为什么不在需求之外多存点钱来应急呢？手头有了钱，你就能赚更多的钱。

接着，你要投资。比如，我自己就投资房地产和退休账户。打理好退休账户非常重要！通过投资，你就能以钱生钱。复利是个好东西。对于退休后的规划，我的第一条也是最后一条建议，就是读一读我的朋友兼榜样苏茜·欧曼的作品。比如，《女性与金钱》能改变你的生活，教会你开立退休账户，往里面存钱投资;《金钱课堂》（The Money Class）能教你一切关于股票、债券、个人退休账户、罗斯个人退休账户（Roth IRAs）的必备知识。苏茜的作品可以任你挑选，绝对不会错。愿你退休之后，能成为理想中的那种美丽、幸福、财务自由的老太太。

一旦你在退休账户里存够了钱，也还清了自己的债，就可以安心地把钱拿去投资，让你最终"财务自由"。

数学不会撒谎

数学很有趣。把一笔笔钱加起来也很有趣！既然我都能爱上数学，你也一定可以！为什么要爱数学呢？因为它能带我们回家。

数学的优点在于，做运算的过程简单而直接。金钱一点儿也不感性，不会在你背后乱嚼舌根。你的银行账户里到底有多少钱，上面的数字一目了然。数学不会撒谎。如果你能自由掌控自己的金钱，还有什么会比这更美好呢？有了经济实力，你才能享受真正的自由。数学是你最好的朋友，不会背叛你。

怎样攒下一整年的薪水

1. 爱上存钱的过程，见证着账户里的钱越存越多。爱上在银行里存钱的感觉。比起因钱越来越少而担心、焦虑、失眠，看着钱越攒越多当然有趣得多。

2. 摆脱债务。若有债务缠身，你就无法前行。列出一个积极的还债计划，包括还清助学贷款。一旦破产，你就无法还债。如果你发展一门副业来额外赚点钱，请把其中的一半用来还债，把另一半存起来。看着债务越来越少，存款越来越多，你会更有动力。

3. 该怎样存钱呢？答案是牺牲。你应该把20%到50%的收入存起来。先记下你每月的收入，再乘以20%，然后按照这个数字来存钱。我知道，你肯定会说："我做不到！我所在的城市消费水平高，房租很高，我省不了钱！"我的回答是："请你下定决心，改变消费方式。你可以假装自己的收入不如实际水平，然后减少开支。你在哪些方面可以省钱？请严格对待每一笔开支，别再额外花钱了。把你的目标贴在家里每天都能看到的地方。你要提醒自己，这种短期牺牲能让你以后活得自由而安稳。别买鞋……"

4. 开始发展一门副业，把赚到的钱全部存起来。若想更快地存钱，你就应该这么做。你的副业正在家中召唤你呢。

在自己的家中创业

你可以把自己的家当成有存货的零售店。这样想就够了，不用想得更远。很多东西都能拿去卖，比如孩子的玩具、家里的衣服、书籍、DVD、黑胶唱片、不用的汽车等。如果家中有过时的电子产品，你可以把零部件拆掉去卖。如果家中有美国的文物或典籍，它们的价值会高得让你大吃一惊。我建议你在 eBay 网上开店，或者在亚马逊上卖掉这些东西。你的描述要有创意，这样一来，旧衣裳也能引领"复古风潮"。还记得前面提到的塔拉·温特吗？她十几岁时就在 eBay 网上出售好莱坞明星的二手服装了。她是个商业天才。你可以逛逛她的网店，好好向她学习。

在网上开辟一块自己的领地吧。一旦开始上网卖东西，你就可以叫上家人、朋友和邻居与你合作，让他们知道你可以在网上帮他们出售旧物。60% 的收入归他们，剩下的 40% 归你。你会惊讶地发现，一跟他们商量，他们就会源源不断地为你提供商品。在这个过程中，你还能学习定价、营销和电子商务运营。这些能很好地锻炼你，为下一次创业打下基础。去练习创业吧，就像锻炼你的肌肉一样。

什么？你说没有时间？你可以每周末只花一两个小时来打理网店，不必让它占用你太多时间。你甚至可以在网店的简介上说明此事，让客户知道你每周只发一次货。

如果你从未在网上卖过东西，那么可以先在亚马逊上卖书。你不必给商品拍照，也不用描述商品详情，只需在 services.amazon.com 上了解操作指南，成为亚马逊的卖家，列出所售书籍的国际标准书号。定价之前，先看看别的卖家对同样的书籍如何定价，再在他们的基础上少定一点。研究一下，你的竞争对手怎样运货？你的运货成本是多少？如果你把运费计入总价中，再提供"免费运货"，那么能否让你的产品更具吸引力呢？

现在，请把你从副业中赚到的每一分钱存起来。别碰它们，好好存着吧！

改变生活的魔法

去年，我瘦了整整 30 磅。这 30 磅是我返校深造时长的。我努力减肥，终于控制了自己的体重，感觉棒极了。不久以前，我去自己的衣橱里"探险"，想看一看它的现状，发现里面满是我各个阶段买的各种尺寸的衣服。是时候清理它了。

清理衣橱要花上好几个周末，像一次情感之旅。我自认为不是个购物狂，却也不敢相信自己居然囤了这么多东西。我不禁想到，我们真正要用的东西其实比拥有的少得多，而且买衣服会分散我们的大量精力，让我们不能安心追逐高远的目标。

我读了日本整理专家近藤麻理惠（Marie Kondo）的超级畅销书《改变生活的整理魔法：日本人的精简整理艺术》（*The Life-Changing Magic of Tidying Up: The Japanese Art of Decluttering and Organizing*）。近藤麻理惠认为，整理就像一场修行，我们应丢掉所有无用的物品，把杂乱的东西清理整齐，才能积极迎接里里外外焕然一新的自己。我按她的建议仔细审视衣橱，把每一件衣服拿出来试穿，回忆起与此相关的每段或好或坏的经历，思绪飘到了每个阶段，比如上世纪 80 年代，90 年代，还有之后的阶段……我惊喜地发现，有些旧衣裳契合了当今的"复古时尚潮流"。一件件衣服让我忆起自己在新泽西州度过的时光，在得克萨斯州做"牛仔"的时光，在波士顿度过的时光，在迷人的好莱坞度过的时光，天天穿"女强人"制服的时光，在电视台做女主持的时光，还有返校深造时日夜苦读的时光……

我喜欢每个阶段的自己，为自己感到骄傲。然后，我会挥别过去，询问自己："我现在是谁？成了一个什么样的女人？"

作为女性，我们都要不断发展，不断成长，以过去为荣，像清空衣柜那样原谅自己犯过的错误，不断寻找现在的自己。今天才是我们拥有的全部。近藤麻理惠的书之所以热卖，是因为它触及了一个事实：为了不断成长，我们必须清理自己的过去。书中提及的需要清理的物品象征着我们虽然拥有、却不再使用的一切。我们曾经从这些物品中受益，现在既然用不到了，大可以慷慨地分享给他人，比如把它们送给能派上用场、更喜欢它们的人，或者拿去卖钱（还记得吗？我在前文中把它们称为"存货"），为自己和家人创收。

我刚开始给十几岁的儿子整理房间，借此重温了他的整个童年。我找到了一些"星球大战"的玩具，这是多年前麦当劳的"开心乐园餐"附送的。这些玩具现在是收藏家的心头好，每个至少能卖 500 美元。想到曾经的小小婴儿如今已长大成人，我不禁潸然泪下。哭过之后，我和儿子就要去处理生意了。我们要把卢克·天行者（Luke Skywalker）和达斯·维德（Darth Vader）的模型卖掉，用来给他攒大学的学费。

你可以找到的投资机遇

为了财务独立，你需要作出牺牲，缩减开支，往账户里存钱，并学会爱上存钱的过程；此外，你还应好好考虑这些问题：你想成为什么样的创业者？想创建什么样的公司？你的公司和产品应满足市场的哪些需求？你该如何想出商业点子？你还需考虑以下三个步骤：

第一，开始行动。你开始行动了，这一点要包括在内！你选择了和我一起踏上投资自己之旅，从现在做起。你的思维方式正从"追求当下的满足"变为"盯紧长远的目标"。你知道前方的路途并不好走，但依然对自己许下承诺。你知道高远的目标需要毅力才能实现，但依然投身其中，因为能有丰厚的回报。

第二，解决问题。我在演讲中告诉女性听众："你承受的痛苦能帮你开启最可靠的创业之门。"有了这段痛苦的经历，你就成了唯一一个能解决这种问题的人。那么，于你而言，这个问题是什么？怎样能够解决它？你是如何从中发现商机、开始创业的？

第三，找到与你经历相同的人。与你遇到同样问题的人在哪里？你怎样才能找到他们？他们与你属于同一群体吗？是你在网上认识的吗？解决这个问题是地方性的需求，还是全国性的需求？若想联系上这些人，让他们知道你能解决这些问题，哪种方法最高效？

很多方法能助你拥有自己的事业

你想做哪种投资人？哪种企业与你的能力匹配？以下是你可以考虑的一些途径。

共享经济提供的机会

数字经济为创业者们提供了巨大的机会，能让他们出售自己的产品，推销自己的业务，减少开销，在家里就能做兼职或全职工作。人们现在常用的一些网络应用程序，比如优步、来福车（Lyft）、跑腿兔（TaskRabbit），都是新一轮"共享经济"商业平台的一部分，通过使用社交媒体和移动设备，让普通人得以发挥所长，凭借其技能、财产和天赋提供有偿服务。比如，跑腿兔能把同一地区愿意有偿做家务、跑腿的人和愿意为此付费的客户联系起来。它能提供多种多样的服务，从打杂到清洁再到搬家、购物、聚会策划，一切应有尽有。手工艺品的虚拟市场也在壮大。一些手工艺网站能满足各

种口味的消费者，比如 Etsy 网和亚马逊的手工艺平台 Handmade
（中文含义：手工制品），能提供针织袜、豪华狗窝、拼布被子、
有辣椒图案的餐具、鹿角衣帽架等。你若想推销自己的平面设计天
赋，可以和 Folyo 网或者追波网（Dribbble）合作；你若想自己设计、
生产、销售 T 恤衫，可以上"T 恤之春"（Teespring）网看一看。
你能做的事情总会对某些地方的某些人有价值，能为你带来财富。
于你而言，广阔的虚拟市场唾手可得，能让你比以往任何时候都更
容易地联系上客户。

投资自己之路

梅利莎·帕斯（Melissa Paz）的故事

梅利莎·帕斯刚刚大学毕业时，波多黎各的就业市场很不景气。婚后不久，为寻求更好的发展机会，她和丈夫移民来到美国。他们在佛罗里达州安顿下来，在环球影城（Universal）和迪士尼（Disney）做初级的工作以维持生计。后来，梅利莎去了美国电话电报公司（AT&T）和特百惠公司（Tupperware）工作。小两口打算要个孩子时，梅利莎希望能在家自由地照顾孩子。她开始为一家银行提供客户服务，这份工作在家就能做，是一个极好的办法——然而她被解雇了。家里有两个孩子要带，她得马上找到赚钱的法子。

梅利莎记得，自己大学时在 eBay 网上卖过旧课本。在母亲的帮助下，她在家中找出了一些或许能在 eBay 网上出售的新旧物品。她在 eBay 网上开了一家店，叫做"懒风交易"（LazyBreeze Deals）。这些东西卖得出奇地快，稍稍减轻了家中的经济负担，但梅利莎也意识到，要想把事业发展壮大，她需要更多的东西来卖。她开始寻找清算服装地段，并开始试着购入不同类型的存货。她也意识到，自己需要接触其他卖家，学一学别人的经验。

　　有了这个念头后，梅利莎成立了"佛罗里达州中部 eBay 卖家聚会"（eBay Sellers of Central Florida Meetup）。该聚会每个月举办一次，参与者为她所在地区的 eBay 卖家。经验丰富的专家会在聚会上分享经验，帮助新手卖家取得成功。她学会了挑选货物、获得货源、营销货物。她在其中一次聚会上认识了达纳·克劳福德（Danna Crawford），一名受到 eBay 网认证的商业顾问和超级卖家。达纳成了她的导师，最终让她与 eBay 网取得了私人联系，帮她成了一名受到 eBay 网认证的影响力人物和杰出代表。

　　梅利莎采纳了网络社区的建议，进一步完善自己的销售技能，并开始与一些公司合作。这些公司会直接从她店里接单，然后直接从自己的仓库发货，运送到客户手中。这种方式叫作"代发货"。这意味着梅利莎不必为存货和运货操心。她试卖过各种各样的产品，发现自己擅长卖行李箱、双肩包和旅行装备，懂得其中的诀窍。她一向热爱旅行，所以能明智地进货，写产品介绍，因为她知道经验丰富的旅客需要有哪些性能的产品。梅利莎会说流利的西班牙语和英语，所以也能针对拉美市场和说双语人士的市场进行营销，尤其是针对缺乏完善服务的人群。

　　梅丽莎很快取得了成功，因为她把 eBay 网的集体智慧派上了用场。不论身在何处，她每天都会花 2 到 12 个小时打理生意。如今，她正与 eBay 网合作，想发展壮大 eBay 网在拉美的市场。

利用新机会

新兴产业往往是增长最快的经济领域。新兴市场国家就是经济增长迅速的国家，这意味着他们购买的商品比其他国家更多，从而让向其出售产品的企业大大受益。金砖四国——巴西、俄罗斯、印度、中国都是新兴经济体，非洲和中东的一些经济体也是如此。此外，正如本书之前所言，拉美市场是美国最大的新兴市场。

据统计学家和经济学家预测，新兴市场和新兴产业将在今后50年里迎来最快的增长。在美国，增长最快的是数字和能源行业，汽车行业也有所增长。新兴产业每年都呈指数增长，这种增长是动态的，随时都在变化，也意味着总会出现新机会。

2016年，美国的新兴产业包括为"婴儿潮一代"（美国规模最大、财富最多的人口）提供服务。这些服务包括：运动训练与指导和物理疗法；技术与社交媒体；为拉美女性、非裔美国女性、其他文化背景的女性提供的服务；女性健康方面的服务，这种服务如今越来越专业化；盒装定制食物和产品的订阅服务。

创立一家公司
发明一种产品
创立一家技术公司

我得说句实话：要想创业，这是风险最高、回报最高、难度最大的方式。它不适用于每个人，只适合 A 型性格、富有远见、动力十足的人。这种人很难成为领导，但可能正是你需要的人。在这种人里，天才发明家萨拉·布雷克里（Sara Blakely）就是个典例。她通过现代纺织技术解决了困扰女性多年的问题。穿上她的产品后，内衣裤的线条就不会透出来，小肚子和身上的赘肉也不会那么明显。萨拉·布雷克里把自创品牌 Spanx 变成了商业帝国，也变成了新的日常词汇！她也被视为一个颠覆者（见下文），因为她彻底改变了内衣行业。据估计，她的资产净值超过 10 亿美元。

颠覆现有的产业

颠覆者能发明新产品或提供新服务，从而改变现有的营业模式。例如，优步改变了出租车行业，也改变了我们在城市中的出行方式；亚马逊通过创建算法，把我们已购买的商品、感兴趣的商品纳入考虑范围，再把其他我们可能喜欢的商品推荐给我们，从而改变了我们的购物方式；iPod 颠覆了音乐行业，也改变了我们购买音乐和听音乐的方式；埃隆·马斯克（Elon Musk）和贝宝改变了我们为商品和服务付费的方式；Birchbox——一家提供按月订购服务、把定制的美容产品送上门的公司颠覆了化妆品零售业。不过呢，许多像你一样的女人每天都在以更小的方式作出颠覆。伊维特·马约（Ivette Mayo）就是个很好的例子，接下来我会讲她的故事。所以你看，颠覆性的发明不一定非得是大发明，也可以是专门的小发明。它只需要你付出行动！

投资自己之路

伊维特·马约（Ivette Mayo）的故事

伊维特·马约出生于波多黎各。她的父亲是一名海军军人，每逢他调动岗位，全家人都要随他搬走。8 岁那年，伊维特已经上过美国的 13 所不同的小学。在自己的国家里，她常会觉得自己与本国的文化遗产密切相关，但是出国之后，她就觉得自己好像不属于任何群体。

她曾在美国的公司工作过 25 年，也曾就职于银行，还曾担任美国大陆航空公司的拉美区销售经理。后来，她决定创建一家能反映自己是谁、来自哪里的公司。她发现了一个自己和别人都经历过、但只有自己才能解决的问题。

伊维特常常在挑选贺卡时感到失望。"每当我买贺卡时，我都会想，我自己可以做出更好的贺卡。"她说。于是她自创了双语（西班牙语和英语）贺卡系列，品牌名为"表情达意"（Yo Soy Expressions），在线上和线下同时出售。伊维特发明了人们想要却找不到的商品：具有文化特色的贺卡。借此，她填补了市场空白，颠覆了贺卡产业。

"表情达意"贺卡已成为我的最爱。每当我送出这种贺卡时，人们总会问我是在哪里买的。我欣赏伊维特的地方在于，她尽管辞去了公司里的工作，也依然懂得理想和现实的区别。伊维特经营着高管培训业务，这能带给她收入。与此同时，她正酝酿着创建自己的贺卡公司，我知道，这将会大获成功。

"找到你的目标，不要被别人的否定吓倒。"她说，"如果有人否定你，你只需回答：'谢谢你，但别挡我的路。'"她建议创业者们不要害怕，如果没钱创业，就去想办法筹钱。"我的祖母会说：'只要想做，就能做到。'这种心态是我的勇气之源。"

购买特许经营权

你或许不是一名创造型创业者，却是一名出色的执行型创业者。在这种情况下，你适合购买特许经营权或收购现有的企业。购买特许经营权是一种很好的方法，能让你以较少的投资开始创业，还能获得其他业主和母公司提供的专业知识和营销支持。许多公司，比如 UPS 公司、赛百味公司（Subway）和 7-11 公司（7-Eleven）都在积极招募女性加盟业主。此外，许多能出售特许经营权的企业可能并不明显，例如瑜伽工作室、儿童辅导班、健康饮食服务等。这些都是不断发展的领域。

我喜欢特许经营企业，因为它们能让你以前人的经验为基础，经营自己的业务。如有特许经营企业的业主退休了，搬走了，你可以找对方买下现成的企业。他（她）已经为你打下了基础，让你不必从零开始。

加盟特许经营企业需要多笔花费，有的很高，有的还好。银行和美国小企业管理局（SBA）都能为你提供贷款，这些特许经营企业的母公司有时也能这样做，但你得存下一些钱，因为贷款没法涵盖一切。这和买房子很像。特许经营期限通常为 10 年或 20 年，所以你可以考虑摊销成本，这样成本看起来就没那么高了。也有人靠国家营销来覆盖营业成本和费用。母公司也希望你按照其标准和价值观来经营。特许经营的优势在于，有了庞大的数据和经验丰富的分析师，母公司几乎可以预测你的盈利情况。

加盟特许经营企业还有诸多优势。比如，你买该企业的产品时，能享受巨大的优惠；而且，你可以与购买相同产品的多家商店共享供应；此外，你能知道其他特许经营企业卖什么、不卖什么；另外，你能从国家营销中受益——正如上文所言，国家营销是一种覆盖成本的方式，但它是身价高、有创意的专家进行的大规模营销，而不是在地方市场进行的试错营销。

要想开始创业，加盟特许经营企业要容易得多。此外，你可以让全家人一起参与！把孩子雇为员工，相当于让他们同时在商学院学习！你也可以跟别人合伙购买特许经营权，而不是作为个体购买。如果一切可以重来，我会加盟多家特许经营企业。我会先加盟其中的一家，弄清运营方式，再加盟多家别的企业。

投资自己之路

玛丽亚·比利亚尔（Maria Villar）的故事

玛丽亚·比利亚尔是一位来自古巴的移民。她的婆婆得了癌症和痴呆症时，她在丹佛当老师。玛丽亚和丈夫自觉无力满足母亲的医疗需求，于是开始寻找能照顾好老人家的生活辅助设施。然而，夫妻俩找遍了整个社区也没找到满意的。后来，他们开始寻找能在家中照顾母亲的护工或助理。在这个过程中，玛丽亚发现了一家叫做"家庭助理（Home Helpers）"的特许经营企业。

这家企业已经存在了 15 年，旗下每家店都没有破产，给玛丽亚留下了深刻印象。玛丽亚颇具经济头脑，权衡过后，认为投资这家企业将会是明智的选择。此外，她也希望能雇用能干的员工，为她婆婆这样的人提供安全和保障。这家企业的特许经营权价格相对合理，所以夫妻俩卖掉了一些股票期权以支付加盟费。2015 年 7 月，玛丽亚的"家庭助理"特许经营店正式开张。如今，她手下有 18 名员工，专门照顾老年人、残疾儿童、阿尔茨海默症早期患者和痴呆症早期患者。

玛丽亚从未有过创业的打算，没想到全家为婆婆治病一事反而直接领她进入一门新兴产业。随着"婴儿潮一代"日渐老去，今后对老年人护工的需求会越来越多。买下特许经营权后，玛丽亚开始列出试行的商业计划。玛丽亚一家也曾是此类服务的客户，这种经验能让她把自己的体会与业务结合起来。玛丽亚热爱自己的事业，对自己帮助的家庭完全能感同身受，因为她自己就有过类似的经历。

收购一家现有的企业，以前任业主为师

环顾你的四周，看看社区里所有的企业。每一家企业都有业主，但至少有几名业主有朝一日想把企业卖出去。正如购买特许经营权，收购现有的企业也是个好办法，能让你避免事事都只能靠自己。收购现有的企业意味着你一开始就有客户基础，这是个巨大的优势，为你省下了 5 至 10 年积累客户的时间。

有没有这样一家企业——它是你社区里的一家企业，或是你羡慕的朋友或熟人拥有的企业，你最大的梦想就是拥有它。或许有朝一日你能梦想成真。许多人一手创建了卓越的企业，临近退休时，他们的子女却没兴趣接管，又找不到靠谱的自然人来交接。对企业主而言，企业正如他们的遗产。你可以表现出对此类企业的兴趣。你可以先去这种企业工作，获得经验，从内部踏实学习，让业主知道你已做好准备等对方指教。你甚至可以与原业主协商，让他（她）与你共处一段时间，详细指导你，把你介绍给他（她）的客户。

好好留意你的熟人圈子，敏感地捕捉机会，你总会听说可能考虑出售的企业。调查几家你想拥有的本地企业，你可能会惊讶地发

现有的即将出售。你所在地区的商会知道谁将出售自己的企业。也有像房地产经纪人那样的小企业经纪人，为打算出售企业的业主做代理。

一切可以追溯到列举你的技能，拼你生命的拼图。你有哪些突出的技能？它们能让你成功地经营哪种企业？

与一位朋友、一群朋友或家人合作

你完全可以在团队中工作。你可以考虑组建一个团队，各位成员携手创业，共同投资自己。

不久前，我介绍两个朋友认识彼此，这样一来，他们就能一起经商。这或许是他们人生经历中最棒的"配对"。我知道，他们也会成为亲密的朋友，在许多方面把美好带给对方，也能一起赚到许多钱。他们彼此合作远胜于单打独斗。不是每个人都注定要独自创业，有的人更适合与他人合作。我们许多人都害怕独自创业，可如果有个勇敢的伙伴与我们合作，我们就能上天揽月！

投资自己之旅有时候不一定孤独。其他女性或许就是我们寻寻觅觅的合伙人，拥有与我们互补的技能和人脉，能与我们共同成就一番事业。这样的合伙人有时就近在眼前，可能是我们的子女，姐妹，表亲，小学时的伙伴或新认识的朋友。有时你应与社区的另一名成员合作，这样就能更好地服务于社区；有时你最好与社区以外的人合作，这样对方就能助你服务于更大的市场。敞开心扉，与他人合作吧。正如上文所言，与别人合伙是购买特许经营权或现有企业的好方法。

有一点我要提醒你：如果你跟朋友、家人合伙，我建议你们事先起草一份协议，说清楚万一经营不善或出现分歧，你们会怎样解决问题。这就像给企业签署了婚前协议，这样一来，你们就能擦亮眼睛，好好经营了。如今，商学院开设了专门的课程，教我们在界限分明的情况下经营家族企业或合伙企业。我们现在明白，经营好这种企业也是一门学问，需要我们煞费苦心，而不是放任自流。我们最好别怀着侥幸心理经营企业。

投资自己之路

雅海拉·努涅斯（**Yahaira Núñez**）的故事

雅海拉·努涅斯在纽约参加了前进运动举办的一场活动。她开了一家名叫"棒棒糖（Lollipop）"的女装店，正在与高昂的营业成本作斗争，想要寻求指导。她走对了第一步：想成为一名创业者。她攒下了好些钱，辞掉了工作，开始自主创业。雅海拉能找到异域风情、与众不同的布料，拿来与客户已有的服装搭配起来，通过新旧混合营造清新时尚的外观。她擅长做自己正在做的事，却无力为店铺支付房租。

我问她的第一个问题是："你为什么要开这家店？"

"我来自多米尼加共和国。"她答道，"我是一名很优秀的设计师。"

"其实，我觉得你更像一名时尚策划师，而不是设计师。你也很擅长购物。你能淘到这些罕见的东西，然后直接带给客户。你知道哪些东西能起到作用，因为你知道客户有什么样的衣服。所以我想问你，你为什么要开实体店呢？"

雅海拉这才明白，自己急于求成，所以栽了跟头。她应该退回去重新开始。她本想把"棒棒糖"打造成大众化的主流女装店，可是这样一来，她只顾迎合大众口味，却忽略了自己的专长和身份！

她的真正优势其实是那像嬉皮士一样的少数族裔面孔！我告诉她，她的风格听起来就像"sancocho"。

"Sancocho"是多米尼加共和国的一种汤，把前一天的剩饭用作原材料，再加入新的调料，就能变得香辣可口。于是，"sancocho风格"诞生了！我建议她关掉实体零售店，开始在网上营业。她照做了，并在 YouTube 上开设了一个"sancocho 风格"的频道，开始制作并上传视频。雅海拉在视频里帮一名女顾客盘点她衣柜里的衣服，告诉她适合穿哪些衣服，不适合穿哪些衣服，然后展示一些对方可能会买的商品。这些商品和顾客的衣服搭配起来，就能获得绝佳的效果。

如今，雅海拉不仅在 YouTube 上拥有频道，也在脸书上经营业务。她也形成了自己的商业模式，既出售服装和配饰，又作为服装顾问提供有偿服务。她正在 YouTube 频道和脸书上寻找广告主和赞助商，因为她如今已有了许多顾客。她原本在家营业，如今搬了出去，不断盈利。她成了"sancocho 风格"领域的专家。

在网上创建品牌，借此变现

在数字经济时代，互联网能为塔拉·温特、为"慧黠女孩"、为米拉克莱·万佐，甚至为你提供广阔的上升空间。互联网也是 YouTube 红人、Vine 视频创作者等一切做广告的社交媒体平台的领地。你在网上创造内容，吸引粉丝，等粉丝达到一定规模，就能吸引广告主和其他品牌与你合作。

　　米歇尔·潘（Michelle Phan）就是最好的例子，她在YouTube 上发布化妆教程，逐渐成为美妆达人，从而吸引了众多广告主。为此，最好的出发点是写博客。你先发掘自己在某一领域的专长，再去吸引粉丝，等到粉丝规模大了，就能去找赞助商了。

投资自己之路

坎迪·拉米雷斯（Candy Ramirez）的故事

坎迪·拉米雷斯从祖母那里继承了对烘焙的热爱。她的童年在亚利桑那州的道格拉斯（Douglas）小镇度过，经常出神地看着祖母纳娜·卢佩（Nana Lupe）在厨房里做甜点。"我和祖母一起做烘焙，关系也越来越亲密。"坎迪回忆道，"看着她做烘焙，我的内心很平静。她做起烘焙简直如鱼得水。"

18岁那年，坎迪成了没有工作的单身母亲。她没有多少选择，只能做自己最擅长的事，于是开始靠烘焙蛋糕来维持生计。她的蛋糕美味可口、别出心裁，可她不好意思收费，于是把它们送给了家人和密友。她已迈出了成为创业者的第一步，却缺乏成为成熟创业者的信心和方向。"我觉得自己不够强大，做不了创业者。"她承认，"我得照顾父母和儿子。每天早晨醒来，我都觉得生活好艰难。我过得很不开心。"

坎迪意识到必须想办法靠自己的才能赚钱。她从未真正接触过商界，所以在2014年加入了当地的拉美裔人士商会，开始参加一些能认识别人的社交活动。她还参加了一些讲座，学到了选中自己的意义。

商会邀请坎迪为前进运动举办的某场活动烤个蛋糕。坎迪擅长把蛋糕做成其他物品的模样。这一次，她把蛋糕做成了前进运动主题钱包的模样，做得惟妙惟肖，我第一眼见到时，还想把它拿起来呢！人们爱上了她的创意，马上找她打听能否下订单。那年年末，"坎迪牌糕点"（Candy's Cakes & More）荣获商会颁发的年度小企业奖。

坎迪趁着势头继续经营自己的品牌。在商会举办的多次讲座中，演讲人都强调，社交媒体是发展小企业最有效的工具。坎迪从没想过，社交媒体也能帮她吸引客户的关注，从而获得订单。她第一次发现，烘焙能带给她的，远远超出了"靠自己勉强谋生"。首先，她声明自己是专业厨师、专业烘焙师而非"烘焙爱好者"；然后，她为自己的"坎迪牌糕点"创建了官网；官网正式运营后，她把自己所有的社交媒体账号（Instagram、推特和脸书）都用来经营业务，不断上传自己作品的照片。她在社交媒体上与商会的伙伴频频互动，大家都很支持她。订单开始来了。

消息渐渐传开，她的事业蒸蒸日上。短短两年内，"坎迪牌糕点"就吸引了一批忠实的粉丝，其中包括当地的名人和运动员，她在社交媒体上的影响力越来越大。从此，坎迪的产业不断扩展，还开设了蛋糕烘焙课程，远在纽约的客户都参加了她的课程。"现在，我每天一醒来就兴奋。"她说，"我看到自己的方向变了。我要做更多自己想做的事，给别人带来力量。曾经的我只会躺在床上，沉浸在愤怒、烦恼和沮丧中，但我现在已经脱胎换骨，因为我热爱自己所做的事，甚至有了更远大的梦想。"她在社交媒体上共有近3万名粉丝，有赞助商免费给她提供烘焙用具，支持她的事业，她的蛋糕作品还上了《蛋糕大师杂志》（*Cake Masters Magazine*）。为了更符合市场价格，她提高了自家蛋糕的价格。她的蛋糕店订单很多，所以她不需要找别的工作。她真心热爱烘焙，热爱经营自己的蛋糕店，内心深感满足。

坎迪并没有止步于此。她坚信要帮助其他烘焙师，每周在YouTube和Instagram上提供免费教程。参加了前进运动后，她还发起了"蜂后烘焙师运动（#QueenBeeBaker）"，积极提供在线指导、支持、激励其他面包师。

谁在你的团队里？

你没法单打独斗。你需要一个团队！在本书的前面部分，我们谈到了投资自己之旅需要情感支持，我不确定你是否完全不需要这种支持。你需要给你适当情感支持的人，比如生活咨询师、牧师、心理医生，懂你的伴侣、懂你的朋友，或者所有这些人；你也可以信赖一些能为你提供专业指导和信息的专家。

你的团队需要什么人呢？如果你想好好存钱，我会向你推荐一名银行家。别害怕银行，这一点很重要。你可以大大方方地走进银行，请求找某人咨询，然后开始建立关系。一路上，你还需要会计师、房地产经纪人（如果你投资房地产）、抵押贷款经纪人和保险经纪人。那么，怎样才能找到合适的人呢？有专门机构能认证许多以上类型的专业人士，这是个开始的好地方，因为你肯定不想碰上不靠谱的人。你可以找朋友推荐这样的人，可以问很多问题，让大家都知道你在寻求指导。人们，尤其是老年人，都乐于分享自己的人生经验。"投资自己网"（网址：becomingSELFMADE.com）就有个模块能提供这种资源，能帮你找到对的人，加入你的团队。

挖掘隐藏的财富

当今时代是女性创业最容易的时代，也是加盟特许经营企业，获得税收减免、补助、回扣的大好时机，史无前例。我们已做好准备，以主人翁和领导者的身份立足于世，而不仅仅是员工和追随者。如果你的追求不仅限于"生存下去"，想要自己创造财富，最好的方法就是创业，因为创业回报丰厚。属于我们的时代来临了。

但我得告诉你：让我苦恼的是，我们创业时遇上的最大阻碍之一，仅仅是信息的匮乏。我将其称为"信息缺口"。其实女性创业者有很多机会，可我们不知该怎样获得这些机会。这些机会大多为补助金、合同、政府项目、企业资源，专为女性提供。我们若不抓住这些机会，就会浪费资源。知识是赚钱和存钱的工具，我们需要主动学习知识。所以，让我们一起去挖掘隐藏的财富吧！

在自己家里找钱

在商界，应收账款是指一家公司提供的有价值的资产或服务，或仅仅是他人应归还该公司的欠款。做生意时，你肯定不愿拖下去，而是想把债务都收回来。你家里就有很多应收账款，你可以在家找到钱。赶快回家"寻宝"吧。和孩子一起"寻宝"，让这个过程充满乐趣。你们可以规定："谁捡到，就归谁！"你可以找出自己圣诞节或生日时收到的礼品卡。不管售货员说了什么，请记住，礼品卡永不失效。如果有店员告诉你某张礼品卡失效了，你可以要求找经理，告诉对方这样做是违法的，因为法律有相关规定。你知道为什么商家这么喜欢推出礼品卡吗？因为80％的礼品卡都用不完！用这些礼品卡代替现金，你就能省下一笔钱了。

优惠券、积点回馈（rewards programs）和回扣也属于应收账款，也可以用来兑现。如果你经常坐飞机，也能有航空公司的积分。你可以重新规划电话、电视和汽车保险开支。如果朋友和家人欠你钱，可以叫他们还给你。你可以每月回顾一遍信用卡账单，确保收益到手，没有错误。你还可以提出医疗保险申请，确保每一分钱都花在了医疗储蓄账户或弹性支出账户上。

这个练习能带给你额外的好处，让你意识到自己在家花了多少钱，在哪些方面浪费了。此外，你能把生活安排得更加井井有条。你需要有这种意识和规划能力，才能经营好自己的企业。

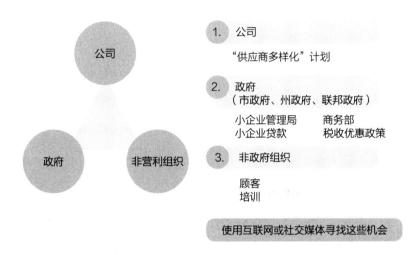

知情人士用"金三角"一词指代我们国家隐藏财富的大型秘密场所,即公司、政府和非营利组织。让我们看看该如何挖掘其中的机会。

公司

美国的公司把很多需求都外包了出去。从公司食堂提供的食物到营销和视频制作,到供应产品需要的材料,再到印刷、设备维修和技术服务,这一切都来自外部供应商。联邦政府鼓励《财富》500强企业和少数族裔人士、女性经营的企业合作,与他们签署的合同要在所有的合作合同中占到一定比例。这些鼓励措施也适用于公司向消费者出售的产品。例如，沃尔玛（Walmart）正在寻找由女性经营、能为其门店提供各种产品的企业。在有"供应商多样化"大型计划的多家公司里，可口可乐公司位居榜首。对此，可口可乐公司引以为荣，认真积极地与少数族裔人士和女性经营的企业开展合作。

你怎样看待这些机会呢? 用谷歌搜一下"供应商多样化计划"吧!

你会搜到企业正在寻找的产品种类清单，也能搜到循序渐进的指南，教你如何被买家发现。这些企业会在全国各地举行商品展销会，会邀请你加入，展示推销你的产品。你若是一名女性，尤其是有色人种女性，就恰好是他们要找的合作伙伴。如果他们对你的产品感兴趣，你却满足不了他们的需求，他们也会设法介绍你跟合适的制造商合作。沃尔玛拥有世上最大的"供应商多样化"计划之一。如果沃尔玛与你签了合同，将出售你的产品或服务，你相当于中了头彩，因为沃尔玛规模那么大，你肯定赚翻了!

若想加入"供应商多样化"计划，与政府签署合同（见下文），你应该获得认证，证明自己可靠可信。总之，你必须获得认证! 你能在网上找到一系列组织，就位于你们州，可提供认证。还有一个组织叫"妇女影响公共政策（Women Impacting Public Policy，简称 WIPP）"，能为女性提供建议，教会她们达到标准，获得认证。若想与这些大企业合作，你必然要付出努力，毕竟世上没有免费的午餐;可你一旦把它们拿下了，好家伙，再辛苦也值得。

政府

联邦政府的每个部门基本都会与第三方供应商签署合同，外包一些任务，这意味着创业者能从中大大获利。例如，政府机关可能要为工作人员制作培训视频。我若是个视频生产商，就想争取签下这个合同。全国各地都有免费课程教我们申请与政府签署合同。问题在于，政府没有预算来推销，所以这些机会不会主动找上你，你得主动找它们！你可以访问联邦政府、州政府和市政府的官网，加入它们的通讯名单。

说到供应商多样化计划，我不想欺骗你，让你以为能轻易跨过这个门槛，顺利与政府合作。在某些情况下，你可能要等上一年才能通过审核，文件归档，但你若能做到这点，就会获得巨大的商机。你能在自食其力网上看到成为政府供应商的女性的故事。相信我，你会备受鼓舞！

美国小企业管理局（SBA）

SBA 和美国商务部（The Department of Commerce）都能资助小企业业主。它们有完善的项目，能为你提供贷款，能帮你购买营业用地，还会在全国各地举行创业比赛，举办创业论坛。

SBA 能提供许多机会，大多数人都能注意到。例如，如果你要为自己的公司买一栋楼，自己至少占用 51%，你或许就有资格花很少的钱、以极低的利率向 SBA 申请贷款。我真希望自己首次创业时能知道这个消息。在美国，很多公司还不如它们使用的房产值钱！如果你有足够的经济实力，我建议你考虑把公司的营业用地买下来。你可以输入网址 sba.gov，了解 SBA 能提供的诸多好处，包括在全国各地提供哪些培训。你也能在网上找到 SBA 在你附近设立的办事处，这样一来，你就能找工作人员当面请教该怎样利用其机会发展自己的企业。SBA 的官网做得很好，资源极为丰富，我鼓励你花点时间好好探索它。

政府的税收优惠政策

我是一个古板的消费者。联邦政府每年 8 月发布税收优惠政策，到了那段时间前后，我才会规划自己一整年的开销以及消费大头。州政府一年四季都会发布税收优惠政策，这些政策往往是对热点问题的回应，例如环境问题或灾难。利用政府的税收优惠政策，就如带上一堆折扣力度最大的优惠券去商店购物。

联邦政府通过制定税收优惠政策，鼓励新兴企业发展。每年 8 月，美国国家税务局（IRS）都会在官网上公布联邦政府的税收优惠政策，目的是刺激可能不景气的行业，拉动经济增长。根据政策规划你的消费大头吧。以下例子是我的亲身经历：两年前，我以 75% 的税收优惠买了辆运动型多功能汽车（SUV）。在当时，若购买的汽车达到某一重量，就能享受这种优惠。也就是说，我的汽车价格为 5 万美元，其中的 75% 都不用交税。能享受税收优惠的商品年年都不同，第一年是运动型多功能汽车，第二年可能就成了太阳能电池板、洗衣机或烘干机。不了解当前的优惠政策时，别急着为家庭或公司大肆购物。因此，有经济头脑的人总要等到年底才会大买特买。

州政府的税收优惠政策不总是符合联邦政府的政策。例如，由于气候干旱，加利福尼亚州州政府推出一项优惠政策，鼓励人们用人造草皮代替天然草坪。你能从中获得什么信息呢？答案是：人造草皮是西海岸的新兴产业！

非营利组织

非营利组织是创业者的好伙伴。它们已经打入你寻找的受众内部，能帮你接触到这些受众，为你省下数年的工夫。假设你是一名会计师，在一个服务于小企业的非营利组织的内部刊物上登广告，这种做法就是定向营销。你也可以向一个非营利组织捐款，获得缴税优惠。非营利组织是极好的信息来源和培训来源，能帮你弥补在特定领域的信息缺口。你可以深入了解针对各种女性的非营利组织，比如针对非裔女性、亚裔女性或残疾女性的组织。你可以在当地或相关地区找到附属的非营利组织，好好挖掘其中的资源。

非营利组织也是很棒的房东，找它们租用营业场地是个好主意。它们经常把场地租给交易伙伴办公，也希望把闲置空间以低于市场价的价格转租出去，获得额外收入，从而实现双赢。

投资自己之路
莫妮卡·马尔多纳多(Monica Maldonado)的故事

1982 年，莫妮卡·马尔多纳多一家从哥伦比亚移民来到美国佐治亚州的首府亚特兰大。她家开了个小型印刷公司。大学毕业后，莫妮卡作为销售代表加入了家族企业。她和父亲很快组成了活跃而高效的销售二人组——父亲经验丰富、知识充足；莫妮卡善于创新、考虑长远。然而十来年过去了，公司却停滞不前。因为他们之前一直依靠零售和散客的小订单，收入来源不稳定，从而限制了公司的潜在发展。

莫妮卡在公司里扮演着重要角色，并作出了一些关键决策：她将公司更名为"印刷通信"（Interprint Communications），并决定制定新的商业计划。她想专门与大型商业客户、大公司签订合同，从而扩大业务。为寻求指导，莫妮卡加入了全美少数族裔供应商发展委员会（National Minority Supplier Development Council，简称 NMSDC）和全美女性商业企业理事会（Women's Business Enterprise National Council，简称 WBENC）的佐治亚州分会。在那里，她了解到了"供应商多样化"计划。

182

鉴于印刷通信公司位于亚特兰大，莫妮卡将目光投向了同在亚特兰大、拥有庞大资源的可口可乐公司。为了成为可口可乐公司的印刷供应商，她上网搜索关键词"供应商多样化"和"可口可乐"，终于找到了注册的链接。

注册起来很容易，但真要成为可口可乐公司的供应商，还需要时间和决心。莫妮卡得填写一大堆材料，还得被认证为少数族裔企业主。在 WBENC 的指导下，她终于获得了认证。

作为印刷通信公司的现任首席执行官兼主要股东，莫妮卡表示："最重要的是坚持不懈，永不言弃。"一旦她攻克了"提出申请、填写资料、满足要求"的三重难关，她就能运用销售技巧为可口可乐公司提供服务，成功地成为可口可乐公司的多个供应商之一。

与可口可乐公司签订合同后，印刷通信公司一下子就提升到了新高度。可口可乐公司开始与印刷通信公司合作，开展各种小型印刷项目，并让印刷通信公司将业务慢慢转移到更大的印刷和平面设计项目上，让莫妮卡能有充足的时间来发展和调整业务，以满足对方的需求。她认为，业务水平超出客户预期与诚实坦率地面对自身不足同样重要，特别是在签订大单合同时。随着可口可乐公司的高端业务越来越多，莫妮卡意识到，要想做好这几单生意，就应灵活、开放地与那些拥有她所缺乏的基础设施的公司开展合作。她愿意改变，愿意成长，所以她的公司一直稳居可口可乐供应商名单的榜首。

自从莫妮卡获得认证并与可口可乐公司签订首份合同以来，印刷通信公司每年的收入都保持 30% 以上的增长，但莫妮卡始终关注品质如一与客户的满意度。印刷通信能拿出 200 多万美元来更新设备，购买六色印刷机，在多个其他方面进行升级，从而能提供更优质的产品，提高印刷效率。印刷通信能为可口可乐提供诚信可靠的服务，因此也吸引了其他公司的目光。如今，印刷通信公司与美国电话电报公司、宝马公司（BMW）、CNN 和家得宝公司（Home Depot）等国内公司都签订了供应合同。莫妮卡目光长远、坚持不懈、努力工作。在她的带领下，印刷通信公司从家庭小作坊发展成了年入数百万美元的成功企业。

赢得比赛

公司、政府和非营利组织一年四季都会赞助女性创业比赛。例如，由"算我一个"赞助的"打造百万美元级企业"（Make Mine a Million $ Business）比赛给鲁皮拉·塞蒂的生活带来了翻天覆地的变化。参加比赛就有望赢得奖金用于创业初期，也不用归还。奖金是奖励你的，不是借给你的，不要白不要！此外，参加比赛还能让你的产品和企业获得越来越多的关注。赢得比赛也能证明你的能力，你可以借此宣传自己。你若曾在比赛中获奖，或成功杀入决赛，赢得彩带或奖章，这些辉煌的经历都是你宣传自己的好素材。

投资自己之路

塔蒂亚娜·比尔吉逊(Tatiana Birgisson)的故事

作为移民家庭的孩子，塔蒂亚娜·比尔吉逊深知教育的价值。她努力学习，后来被名校杜克大学（Duke University）录取。她学习化学工程专业，以便毕业后找一份高薪工作。

在校期间，塔蒂亚娜为完成学业经常熬夜，有时甚至通宵。她住在一所学校资助的校内公寓里。公寓名叫"立方体（InCube）"，专为对创业感兴趣的本科生而设。塔蒂亚娜与其他有志于自食其力的同学一起生活，常来常往，自己脑海中也埋下了同样的种子。她特别喜欢喝茶，每天都要沏两三次茶喝，从而保持精力旺盛，好好完成学业。"我每天要沏很多次茶，已经厌倦了。我近期刚开始在宿舍的厨房里用锅煮茶，一次性就煮一大锅。"她说。

她泡的茶深受同学欢迎。她用的茶叶是马黛茶（maté），产自南美洲（她母亲是委内瑞拉人，所以从母亲那里知道了马黛茶）。茶能让她保持清醒，又不至于紧张兮兮，还有助于舒缓偶尔的低迷情绪，慰藉思乡之情。她想，若能把这种茶改造成能量饮料，就可以拿去销售了。

比尔吉逊花了一个夏天来完善茶的配方，最终决定使用guayusa 的叶子。Guayusa 与马黛茶同属冬青科，其咖啡因含量与咖啡大致相当。找出最好的冲泡方法后，她邀请朋友们一起品尝，以进一步确认茶与果汁的最佳配比。她买了一口更大的锅，转而去公共厨房煮茶。

"起初，我只是小桶小桶地卖给办公室。"她说，"但后来，大家纷纷找上我，要求购买罐装茶，这样就能带一些回去，与家人共享。"于是，塔蒂亚娜参加了杜克大学举办的创业挑战比赛，赢得了 11,500 美元的奖金。她将这笔钱拿去生产罐装茶。

2015 年，作为新创饮料公司"MATI 能量"（MATI Energy）的创始人，25 岁的塔蒂亚娜·比尔吉逊成为入选谷歌展示日（Google Demo Day）的 4 名女性之一。在这场年度盛事上，谷歌（Google）会邀请创业者向当地投资者和行业观察者展示其初创企业。"MATI 能量"获得了当年的最高奖项，许多媒体纷纷报道此事，《福布斯》也包括在内。《福布斯》的报道为"MATI 能量"吸引了众多投资者，如今，"MATI 能量"已进驻南部的 6 家全食超市（Whole Foods），成为店里最畅销的能量饮料。"MATI 能量"还计划将产品推广到全国各地的商店。

有些比赛能帮你在全国各地开展业务。正如塔蒂亚娜在杜克大学了解到谷歌举行的比赛，你也可以在"自食其力"应用程序上在找到完整的比赛清单。这些比赛就像创业界的《美国偶像》（American Idol），可以帮你把全部心思花在创业项目上，并在别人面前展示你的概念。此外，奖金没有任何附加条件，你不用还给任何人，也不用变卖公司的股份。这是一个又快又好的开端。

塔蒂亚娜依然做着所有烦琐的工作，从贴标签、接订单到寄包裹都会亲自上阵。她说："今年年底，'MATI能量'将进驻至少100家全食超市。5年之内，我能见证公司走向全国，甚至走向全世界。但我先得雇用更多员工。"

在方方面面都活得富足

4年来，我认识了许多女性创业者，向她们发表演讲，为她们提供培训，也有幸带领诸多鼓舞人心的女性与我一路同行。其中一位是诺贝尔和平奖得主里戈韦塔·门楚（Rigoberta Menchú），是她让我想象并明白每天自食其力意味着什么。里戈韦塔是危地马拉的原住民，年轻之时，危地马拉爆发内战，全国各地战火纷飞，原住民被大量屠杀。她当时住在山里，每逢周日，父亲都会带她去一家女修道院，一路要走6个小时。她整整一周都会在那里做女佣，到了周末，父亲再把她接回去。她最终认路了，自己能够往返了。

里戈韦塔干得很出色，修女们都很喜欢她。她一开始只会讲方言，不过后来跟着修女们学会了西班牙语，还学会了阅读和写作。双方语言互通后，她就告诉修女们，自己的部落遭遇了可怕的事情。十几岁时，里戈韦塔还待在修道院，而她的大多数家人都在游击战中惨遭屠杀。修女们担心她的安全，于是把她偷渡到墨西哥的一所修道院。

来到墨西哥的修道院后，里戈韦塔把自己的故事告诉了一名神父。神父带一群法国的新闻工作者来采访她，连续采访了两个月。后来，这些采访记录汇总成了一本书，叫作《我，里戈韦塔·门楚》。书中详述了危地马拉和整个拉丁美洲的原住民遭遇的一切。她的作品被译为 60 种语言，在世界各地出版。1992 年，她获得了诺贝尔和平奖。当时她才 33 岁。

我很荣幸能带上里戈韦塔走遍全国，一路上与众多女性交流。我希望她们能听说里戈韦塔动人心弦、跌宕起伏、不可思议的经历，被她克服困难的精神鼓舞。她对女人们说："我一开始只是个大字不识的女佣，后来获得了诺贝尔和平奖；连我都能做到，你们肯定也能取得伟大的成就。你们身在美国，有这么好的先天条件和这么多优势，还有什么借口呢？"

里戈韦塔还告诉了我一些事情，让我深有共鸣，也为我这 4 年来开展工作提供了理论支撑。每当我和其他女性交流，都试图响应她说的这些话。她说："危地马拉的原住民认为，所有人都应该系腰带，以提醒自己：我们一半属于天空，另一半属于大地。我们每天醒来时，都要想一想自己最高远的梦想，因为一旦没了梦想，我们就什么都不是。我们要有远大的梦想，有开阔的思维，敢于想象自认为不可能的事情。接下来我们得提醒自己，这些梦想必须落到实处，因为我们自己有一半也属于大地。若无行动，梦想就是一场空，终会如同蒸气一般，了无痕迹。"

我们每天需要做什么呢？我们应怀揣梦想，并将其变为现实。为此，我们应采取具体的步骤。正如里戈韦塔所言："迈出第一步，播下梦想的种子。每天都要坚持。"

我照她说的去做，并用自己的方式作出诠释：我是一个农人。对我来说，卷起衣袖、弄脏双手都是一种享受。我不光要播种，还要耕地、浇芽。我每天都在田地劳作，等到时机成熟，我自会迎来丰收。

最终，你能够赚到钱。赚钱是件好事，但不是你能获得的最大回报。最大的回报在于，你知道自己能够实现梦想；你有了强大的内心，由内而外建立起真正的自尊，这是你一砖一瓦、一步一步实现的。你一路上做了所有该做的事，也掌握了每个阶段该做的事。若有必要，你可以重来一次。你可以复制自己的成功，因为这是你靠自己获得的。而且，有了这些经验，你下次能做得更快、更好。你也可以把经验分享给他人。没有比这更大的回报了。现在，你活得底气十足，活得自强自立，在方方面面都活得富足。恭喜你！

把火炬传下去

作为女性，我们最伟大的意图是什么？我们拥有子孙后代的种子，从字面意义和象征意义上理解皆是如此。作为女性，我们最深切的渴望之一，就是为世界带来新生命。即使有些女性选择不生孩子，有些女性无法生育，所有女性天生都有母性的本能。培养、照顾所爱之人是我们的天性。这一切，在很长一段时间里给我们的生命指明方向，赋予深层意义。然而时至今日，这些已经不够了。我们已做好准备，也有能力去做更多事情。

这并不意味着爱伴侣、爱子女、养家对我们已失去了意义；恰恰相反，这是因为我们想为家人、群体和自己创造更好的生活。我们能够另辟蹊径，为前人纠正错误，也能为后人开辟更好的新路径。这是我们的"英雄之旅"留给世界的财富。

你是否想过，在投资自己之旅中，你的所作所为很自私？也许你曾听别人这么说过。对此，我希望你牢记我说的这些话，内心深处保持清醒：投资自己不仅是你一个人的旅程。你在以身作则，为女儿和外孙女塑造新榜样，也在为未来的儿媳塑造行为榜样，让儿子择妻时有例可循。你的孙子会说："我的祖母是个创业者，她非常了不起。"在你的言传身教下，你的后代就会投资自己，而非坐享其成。你正在改变自己周围的世界。

正如里戈韦塔·门楚所言，我们每天播下的小小种子，终有一日会长大开花。投资自己是你留给子女、家人和所在群体的宝贵遗产。通过自食其力，我们能变成更好的自己。我们播下种子，在泥土里扎根，终有一日，梦想之花会绚烂绽放，直上云霄。

攀登金字塔

几年前，我和一群朋友去墨西哥旅游，参观了一个重要的考古遗址——特奥蒂瓦坎古城（Teotihuacán）。古城位于墨西哥城城外，在哥伦布发现美洲大陆之前就存在了，可以追溯到公元 1 世纪至 7 世纪。特奥蒂瓦坎古城被称为"众神的发源地"，由一群有神秘文明的人建设而成，比玛雅人和阿兹特克人更古老。特奥蒂瓦坎人在羽蛇神庙祭拜祖先，庙里有羽蛇神（Quetzalcoatl，即带羽毛的蛇）的雕像作装饰。羽蛇神象征着凡人世界与神仙王国之间的联系。这是一个非常神圣的地方。

古城里最高的建筑是太阳金字塔（the Pyramid of the Sun）。太阳金字塔是世界第三大金字塔，约建于公元 200 年。塔上的石阶几乎是笔直的，足足有 233 英尺高。攀登太阳金字塔简直要了人的命：骄阳将它烤得发烫，石阶表面粗糙不堪，上坡路陡峭险峻，几乎与地面垂直。不过呢，攀登它是我们能在墨西哥做得最伟大的事情之一，所以我们还是去了。

登顶之前有个小站，我们可以停下来喝杯饮料，喘喘气儿，为最后的冲刺养精蓄锐。据说那里的风总是很大，大得让你以为自己会被刮下塔。我们在小站里喝水，尽量不朝下面看。

导游说："大多数人永远攀不上塔顶，因为大风把他们吓倒了。他们要么放弃，原路返回，要么就从边缘摔下去。"他笑了——或许不该把这当作笑话讲，因为真有游客从台阶上摔落后不幸身亡。

他继续说："登顶的秘密是不怕大风，不怕摔倒。你自己才是阻碍自己高攀的原因。大风不能打倒你，只有你自己才能打倒自己。"

听完这番话，我勇敢地接受了他的挑战，加入了攀登的队伍。狂风大作，骄阳炙烤，我们一步一步，艰难前行。就这样，我攀上了塔顶。我在塔顶俯瞰全景，美得令我几乎窒息。我不禁想，为什么我会以为自己爬不上呢？哇——我登顶了！这个故事蕴含着一个深刻的道理：你自己才是自己真正的障碍。

要想实现财务独立的梦想，你每分每秒都要付出努力，一步一步慢慢来。哪怕目标已经触手可及，也会有且总有狂风来阻碍你。但别被吓倒，你完全有能力实现自己的梦想。等你实现梦想后，就会疑惑自己从前为何会妄自菲薄。听我的话吧，好好享受逐梦的每一分钟。相信我，等你实现梦想后，就会开始寻找下一座高峰，因为你会迷上这个过程，并做好准备迎接下一次挑战。

致 谢

▪

　　我想感谢吉·加西亚。一次，他来采访我，问我对他在《纽约时报杂志》（ *The New York Times Magazine* ）上发表的一篇文章有何看法，我们从此成了朋友。阅读那篇文章是我生命中的重要时刻。我密切关注他在《时代周刊》（ *Time* ）、《纽约时报》和美国在线公司（AOL）的新闻工作生涯，欣赏他写的两本书《新主流》（ *The New Mainstream* ）和《男性的堕落》（ *The Decline of Men* ），惊叹于他能如此精准地预测趋势。他所做的研究使他创立了"种族现状"咨询公司，通过调查研究和数据统计，为《财富》500 强企业预测文化与社会风潮。我写本书时之所以赢得他的帮助，是因为我知道自食其力是一种文化和经济上的变革，希望这种变革能体现在他的数据中。让我激动的是，基于他为本书所做的一切，一份突破性的研究报告已出炉了，名为《投资自己经济》。该报告解释了女性创业者（尤其是其他文化背景的女性创业者）数量剧增的原因，以及该现象对美国和全球经济的影响。

谢谢你，吉。能与你在风景如画的卡茨基尔山脉（Catskills）一起工作，讲述故事，捕捉素材，这段经历于我而言十分难忘。非常感谢你让我开始写作，本书是我的处女作。写书原会使人情绪化，是你让这一过程变得如此美丽。我也要感谢吉的妻子、我亲爱的朋友莉萨·基罗斯（Lisa Quiroz），谢谢你如此大方地邀我上你家做客。

感谢我的编辑、出版人朱莉·格罗（Julie Grau）。我们相识已久。当年，《娱乐周刊》（*Entertainment Weekly*）列出了娱乐界"值得关注"的潜在高管名单，其中就有我和她的名字。我大胆地给她写了封信，告诉她我认为她的工作很酷，我俩应该见个面。从那以后，我们成了朋友，多年来都见证并参与了彼此生命中的重要时刻。因为这本书，我们再次一起工作，彼此分享了这么多经历。朱莉，非常感谢你辛辛苦苦为我的文字润色，帮我找到作家的行文状态，如同洒下仙女的魔法灰尘。我知道，你我二人都不会忘记这段宝贵的经历。

感谢兰登书屋团队的汤姆·佩里（Tom Perry）、辛西娅·拉斯基（Cynthia Lasky）、萨莉·马文（Sally Marvin）、梅拉妮·德纳尔杜（Melanie DeNardo）、利·马钱德（Leigh Marchant）、安德烈娅·迪尔德（Andrea DeWerd）、杰西卡·欣德莱尔（Jessica Sindler）、史蒂夫·梅西纳（Steve Messina）和芭芭拉·巴克曼（Barbara Bachman）。感谢格雷格·莫利卡（Greg Mollica）为本书设计了漂亮的封面。特别感谢劳拉·范德·维尔（Laura Van der Veer），夜晚和周末还要加班。我非常感激你的付出。

感谢我的代理人简·米勒（Jan Miller）和莱西·林奇（Lacy Lynch）。简，我一想到要写这本书，就打算找你合作。得知你自食其力的奋斗史，我很佩服你。你是一个优秀的人，也是一个非凡的女商人。在某些时刻，我一定会学习你的做法。莱西，你是一名勇敢的战士，也是一个非常聪明的年轻姑娘。我享受与你共事的每一分钟。你坚定而强大，团队里能有你，我非常高兴。我期待着见证你变得越来越好！

海蒂·克虏伯（Heidi Krupp），感谢你帮我宣传本书，宣传我创立的"自食其力"品牌。我特别喜欢你的正能量，你简直像个摇滚明星。你的团队很优秀，我要对你团队里的加布丽埃勒·阿布迪（Gabrielle Aboodi）、凯蒂·卡德沃思（Caity Cudworth）和达伦·里西登（Darren Lisiten）表达最深的谢意。

加布里埃尔·雷耶斯（Gabriel Reyes）就是我提过的那位变成宣传人员的前任助理。我不再雇他做助理，而是请他担任加兰娱乐公司的宣传人员。加布里埃尔，谢谢你这些年给予我诸多帮助。我太爱你了。

纳塔莉·莫利纳·尼尼奥（Natalie Molina Niño）是一家新创技术公司的专家，也是我的好朋友。感谢你发挥自身才智、带领优秀团队为"自食其力"品牌规划发展战略。特别鸣谢拉基娅·雷诺兹（Rakia Reynolds）、奇蒂·梅迪纳（Citi Medina）、何亚·达斯（Joya Dass）、阿尔马兹·克罗（Almaz Crowe）和希娜·艾伦（Sheena Allen）。

莫妮卡·安（Monica Haim），感谢你再次帮助我。这一次，你帮我审查了自食其力网的所有内容。感谢你和阿龙（Aaron）给我的爱与支持。阿龙很棒。

感谢英格丽德·杜兰（Ingrid Duran）、凯瑟琳·皮诺（Catherine Pino）、罗伯托·菲耶罗（Roberto Fierro）、阿奈·卡尔莫纳（Anais Carmona）和哥伦比亚特区（D.C.）团队的其他所有成员。

特别鸣谢我的"孪生姐妹"史蒂文·沃尔夫·佩雷拉（Steven Wolfe Pereira）。我们相识以来一直是闺蜜，你的爱与支持、聪明才智于我而言是无价之宝，感谢你与我共度了许多创作的时光。特别鸣谢努丽娅（Nuria）和塞巴斯蒂安（Sebastian），很高兴有你们把关，让本书得以顺利出版。

苏茜·欧曼，你一向坚定地支持女性，感谢你如此慷慨。你真诚而靠谱，我与你观念一致，所以追随你的脚步。

桑德拉·西斯内罗丝，你是我真正的朋友，前行的动力。我珍惜与你共度的时光，感谢你教我找到内心深处真实的声音，成为一个合格的作者。

内尔·梅利诺，你是一个慷慨的人，给广大女性提供了诸多帮助。你每天都在激励我成为更好的人。若无你的领导，我就不会发起前进运动和自食其力运动。

杰伊·伊茨科维茨（Jay Itzkowitz），感谢你成为我信任的顾问和朋友。我喜欢我们关于早餐餐巾的商业计划。普里亚（Pria），我也感谢你的爱与支持。

感谢加兰娱乐公司的团队成员：罗布·史密斯（Rob Smith），感谢你一直支持我，一向如此忠诚而冷静。达妮拉·科韦尔曼（Danila Koverman），我们相识于你在 E！频道聘用我的时候，感谢你组织并执行我们的整个发展计划。路易莎（Luisa），很高兴董事会里能有你。迈克尔·格洛因斯坦（Michael Gloistein），谢谢你为我们一起记账。罗伯塔（Roberta）和特德·特纳（Ted Turner），你们在公司干了多年会计，谢谢你们做我坚强的后盾。

希拉·康林（Sheila Conlin）、蒂姆·费雷蒂（Tim Ferretti）、戴夫·唐尼（Dave Downey）：感谢你们让一个个自食其力的故事如此生动。

特别鸣谢康塞普西翁·拉腊。谢谢你如此信任我，哪怕在我最黑暗的时刻。也特别鸣谢加兰原创团队的黛安娜·莫戈隆（Diana Mogollon）、凯瑟琳·贝多亚（Kathleen Bedoya）、芭芭拉·法默（Barbara Farmer）、卡洛斯·波图加尔（Carlos Portugal）和诺尔玛·卡瓦略（Norma Carballo），你们都是我的家人。

感谢我在 WME 公司的经纪人和朋友。马克·伊特金（Mark Itkin），感谢你 25 年多来一直相信我，支持我，我会想念你的。亚德·达耶（Jad Dayeh），安杰拉·佩蒂洛（Angela Petillo），我喜欢和你们做交易。谢谢你们。

感谢给过我鼓舞的女性、我的女导师和女性朋友，包括：美国最高法院大法官索尼娅·索托马约尔、美国联邦财政部财务长罗西·里奥斯（Rosie Rios）、玛丽亚·孔特雷拉斯－斯威特（Maria Contreras-Sweet）、珍妮特·穆尔吉亚（Janet Murguía）、尼娜·巴卡（Nina Vaca）、琳达·邓恩（Linda Dunn）、谢丽尔·桑德伯格、阿里安娜·赫芬顿、盖尔·伯曼（Gayle Berman）、谢里·兰辛、帕蒂·洛肯瓦格纳（Patti Rockenwagner）、唐·奥斯特罗夫（Dawn Ostroff）、玛丽亚·埃利娜·拉戈马西诺（Maria Elena Lagomasino）、里戈韦塔·门楚、安德烈娅·鲁滨逊、黛安娜·佛登（Diane Forden）、莫妮克·皮亚尔、多蒂·佛朗哥（Dottie Franco）、黛安娜·阿尔韦利欧（Diana Alverio）、艾达·巴雷拉、瑞萨·博诺（Raysa Bonow）、贝亚·施特策（Bea Stotzer）、米内尔娃·马德里（Minerva Madrid）、安妮·托莫布洛斯（Anne Thomopoulos）、帕西·瓦尔德斯（Patssi Valdez）、帕姆·科尔伯恩（Pam Colburn）、德博拉·格勒宁（Deborah Groening）、伊莱恩·施皮雷尔（Elaine Spierer）、路易莎·利瑞亚诺（Luisa Liriano）、凯利·古德（Kelly Goode）、珍妮特·杨（Janet Yang）、德布拉·马丁·蔡斯（Debra Martin Chase）、希拉·康林（Sheila Conlin）、卡伦·科克（Karen Koch）、唐娜·格罗夫斯（Donna Groves）以及苏珊·阿比夫（Susan Habif）。

感谢多年来给过我指导、鼓舞和帮助的男性，包括：鲍勃·里甘（Bob Regan）、亨利·西斯内罗斯（Henry Cisneros）、劳尔·伊扎吉尔（Raul Yzaguirre）、约翰·奥克森丁（John Oxendine）、伯纳德·斯图尔德、迈克尔·所罗门（Michael Solomon）、戴维·萨尔兹曼（David Salzman）、埃米利奥·阿斯卡拉加（Emilio Azcárraga）、迈克尔·富克斯（Michael Fuchs）、克里斯·阿尔布雷克特（Chris Albrecht）、洛厄尔·马特（Lowell Mate）、戴维·埃文斯（David Evans）、里奇·巴蒂斯塔（Rich Battista）、安·萨邦（Haim Saban）、鲁伯特·默多克、乔恩·菲尔海默（Jon Feltheimer）、安迪·卡普兰（Andy Kaplan）、艾伦·索科尔（Alan Sokol）、唐·布朗（Don Browne）、吉姆·麦克纳马拉（Jim McNamara）、迈克·达内尔（Mike Darnell）、本·西尔弗曼、查克·拉贝拉（Chuck LaBella）、克里什·阿夫雷戈（Cris Abrego）、杰夫·朱克（Jeff Zucker）、加里·阿科斯塔（Gary Acosta）、阿曼多·塔姆（Armando Tam）、梅尔·库珀（Mel Cooper）、勒内·阿莱格里亚（Rene Alegria）、杰里·佩伦奇欧（Jerry Perenchio）、阿尔·厄尔迪纳斯特（Al Erdynast）以及弗兰克·罗斯（Frank Ros）。

我想感谢在可口可乐公司和可口可乐基金会工作、支持我开展前进运动的朋友，包括：桑迪·道格拉斯（Sandy Douglas）、劳文特里亚·鲁滨逊（Lauventria Robinson）、贝亚·佩雷斯（Bea Perez）、凯瑟琳·恰拉梅洛（Kathleen Ciaramello）、莫妮卡·麦格克（Monica McGurk）、洛里·比林斯利（Lori Billingsley）、琳达·布里格姆（Linda Brigham）、阿尔芭·阿达莫（Alba Adamo）、萨拉·马斯克（Sarah Marske）、安吉·罗扎斯（Angie Rozas）、阿普丽尔·乔丹（April Jordan）、莉莲·罗德里格斯·洛佩斯（Lillian Rodríguez López）、鲁迪·贝塞拉（Rudy Beserra）、温贝托·加西亚－舍格里姆（Humberto García-SjÖgrim）、彼得·比列加斯（Peter Villegas）、雷纳尔多·帕杜亚（Reinaldo Padua）、梅利莎·帕拉西奥斯（Melissa Palacios）以及亚历杭德罗·戈麦斯（Alejandro Gomez）。

感谢我的所有家人，包括：亲爱的父母和弟弟阿塞尼奥（Arsenio）；达尔西（Dulce）、罗莎（Rosa）和艾德丽塔（Adelita）三位阿姨；在古巴的家人尼娜（Nina）、乔治娜（Georgina）、何塞·曼努埃尔（José Manuel）叔叔以及马利特萨（Maritza）、埃莱娜（Elena）、埃米莉（Emily）、伊薇特（Yvette）、舍维（Chevy）五位表亲，谢谢你们大家无条件地爱我。感谢我的继子保罗（Paul，又作P-Rod），我们相识那年你才8岁，如今你已成长为一个自食其力的小伙子，我为你深感骄傲。保罗，谢谢你给了我生命中最美好的礼物，卢卡斯。感谢特雷莎（Teresa），我很爱你，很想你。感谢亲爱的罗德里格斯（Rodriguez）一家，谢谢你们给我的爱与支持。感谢我的"摩登家庭"成员：感谢乌尔夫一家（Ulfs）以如此暖心的方式欢迎卢卡斯和我加入这个大家庭；感谢贝齐（Betsy）和弗兰克·乌尔夫（Frank Ulf）与我共度了许多美好的时光；感谢我的继子继女阿曼达（Amanda）、阿比（Abby）和康纳（Connor），谢谢你们待我真诚坦率，带给我爱与欢笑。

感谢我的小小核心家庭：布里安、卢卡斯和约克郡的德西（Desi the Yorkie）。谢谢你们给我的爱。

最后，我想告诉参加前进运动并鼓励我写这本书的所有女性，以及所有拉美裔姐妹、非裔姐妹、亚裔姐妹、印第安姐妹、中东裔姐妹和白人姐妹：我非常非常理解大家。我们的旅程向来不易，但如今是时候启程了。我们永远并肩携手，风雨同舟。

关于作者

∎

内莉·加兰被《纽约时报杂志》称为"来自热带的商业奇才"。她是女权的倡导者,是曾获艾美奖(Emmy Awards)的电视制作人,也是加兰娱乐公司的所有人。加兰娱乐公司是一家充满活力的多元文化传媒公司,用英语和西班牙语制作了 700 多期电视节目,在全球帮助推出了 10 个电视频道。内莉·加兰也是美国德莱门多电视网的第一位拉美裔主管,是"前进运动"的发起人。"前进运动"是个全国性的励志之旅和在线平台,在社会、经济和政治领域把广大拉美裔女性团结在一起,给她们带来力量。内莉·加兰还是一名广受欢迎的演讲人,深受许多公司和组织青睐,曾在可口可乐公司、美国运通公司(American Express)、摩根大通公司(JPMorgan Chase)、通用电气公司(General Electric)、克林顿基金会(the Clinton Foundation)和联合国发表演讲。

nelygalan.com

becomingSELFMADE.com

Facebook.com/becomingSELFMADE

@beSelfMadenow